HUW HEYWOOD

저에너지건축 디자인 원리 101

For Low-Energy Architecture

저에너지 건축 디자인 원리 101

2022년 10월 25일 초판 1쇄 발행
2025년 8월 25일 초판 2쇄 발행

저 자 Huw Heywood
번 역 ㈜상지건축 부설 지속가능연구소 소장 우동주
감 수 우덕오
발 행 처 기문당
주 소 서울시 성동구 무학봉 28길 4-1
전 화 02) 2295-6171~2
팩 스 02) 6971-8188
홈 페 이 지 www.kimoondang.com
I S B N 978-89-6225-921-6 93540

CONTENTS

발간사

탈탄소화 시대, 건축 및 건설 분야의 역할

전 세계에서 생성되는 모든 에너지 중 절반은 건축물을 짓고 운영하는 데 사용되며, 모든 에너지의 3/4은 여전히 화석 연료에서 얻고 있습니다. 더구나 우리가 사용하는 건축물은 전 세계 이산화탄소 배출량의 40%에 대한 책임이 있습니다. 분명한 것은 우리가 긴급한 기후 변화에 따른 목표를 충족하려면 세계에서 온실가스를 가장 많이 생산하고 있는 건축 및 건설 분야의 탈탄소화가 가장 중요하다는 점을 저자는 강조하고 있습니다.

본 개정판은 저에너지라는 용어가 저탄소라는 용어와 동의어가 되었기 때문에 나온 것입니다. 만약 하나의 건축물을 『저에너지 건축 디자인 원리 101』에 따라 운영에너지를 크게 줄이는 방향으로 디자인하고 건설할 수 있다면, 탄소배출량을 줄이는 해결책 중 하나가 될 수 있을 것입니다.

우리의 건축과 건설 분야에서 이러한 저에너지 사용에 관한 관심을 일깨우고 공감대를 형성해 나가는 데 미약하나마 기여할 수 있다면, 이 책을 출간한 우리로서는 커다란 보람이 아닐 수 없습니다. 번역과 출간을 하신 분들의 노고에 감사를 드리며, 상지건축은 건축과 건설기술의 발전뿐만 아니라 도시 환경적 미래에 책임 있는 조직이 되고자 노력할 것입니다.

S·E·A ㈜상지엔지니어링건축사사무소 대표 허 동 윤

머리말

토착건축을 보면 적정량의 자원만으로도 편안한 실내 조건을 만든 선조들의 지혜를 엿볼 수 있다. 우리는 이제 이러한 것에서 직관적인 기술을 다시 배우고 다가올 미래에 이를 적용해야 한다.

이 책은 에너지를 거의 사용하지 않거나 전혀 사용하지 않는 지구상 곳곳의 건축물이 작동하는 원리를 독자들에게 소개하고자 하며 다음 세 가지 정보를 전달하는 것이 목적이다.

- 건축물이 환경에 반응하는 방식에 적용된 자연의 보편적인 원리에 대한 이해
- 새 건물 또는 기존 건축물의 개보수에 필요한 특정 저에너지 사용에 관한 경험적 원리의 해결방안
- 경험적 원리를 적용하면서 이산화탄소 배출량을 최소화할 방법에 관한 지침

경험적 원리란 에너지 효율성의 기본 원칙에 관한 것이다. 참고 문헌의 내용을 토대로 작성한 글을 통해 측정, 계산, 모델링 및 추가 연구를 진행하려는 이들에게 주요 용어 해설과 경험적 원리의 기본 방식에 관한 지침을 제공한다.

본 개정판은 2019년 세계 환경 및 기후 비상사태의 광범위한 선언과 같은 태도를 새롭게 취하고자 하지만, 여전히 패시브 설계를 통해 에너지 사용을 줄이는 것에 관한 책이다. 패시브 설계는 운영탄소제로 건물을 만들 때 최우선으로 생각해야 할 주요 사항이며, 건물이 탄소 배출에 미치는 영향, 그리고 내재탄소와 운영탄소 사이의 관계가 이제 그 원리들에 포함된다.

참고 문헌에서는 영국왕립건축가협회(RIBA), 미국건축가협회(AIA), 런던에너지전환기구(LETI), 건설공학기술협회(CIBSE), 세계녹색건축위원회(WGBC)에서 시기적절하게 발행한 간행물과 그것의 지침, 목표, 실행계획을 살펴보며 건설 산업이 기후 비상사태에 대응하는 방식을 알아본다. 그 과정에서 건축물이 실제로 무엇으로 구성되며, 어떻게 건축물을 만들어 관리하고 사용해야 하는지에 대해 더 자세히 알아보게 될 것이다.

건축물은 어떤 외부 조건에서든 기후를 바꾸고 쾌적한 실내환경을 조성하기 위해 존재한다. 건축물을 신축하는 과정은 부지를 선정하고 배치하는 것을 시작으로 원하는 방향과 형태를 고려한 다음, 외피 디자인(이 책에서는 건물 구조로 알려진 벽, 지붕, 바닥)과 내부 공간을 계획하는 순서로 진행된다. 마지막 단계는 쾌적한 환경이 조성되었는지 사용자가 판단하는 단계이다. 제대로 조성되지 않은 경우 전통적으로 난방 또는 냉방을 공급하는 에너지를 사용하여 쾌적하게 만든다. '에너지를 사용하는 것은 건축물이 아니라 사람이다.'라는 격언이 있듯이 경험적 원리는 튼튼하고 직관적인 건물을 만드는 방법을 제시하고, 사용자는 그 안에서 내부 환경을 제어하는 방법을 터득하게 된다.

위에서 설명한 설계 과정은 이 책의 주요 구성에 적절히 반영되어 있다. 초기 디자인 의사 결정이 후기 디자인 의사 결정에 비해 훨씬 가치 있고 영구적이라는 사실에 주목할 필요가 있다. 예를 들면 이동식 건물이 아닌 이상 위치와 방향은 건물을 짓는 순간부터 바뀌지 않을지라도, 건물의 외피는 단열재 또는 재료를 추가함으로써 그 성능을 향상시킬 수 있다. 초기 설계 단계에서의 고려 사항은 건물 에너지 효율성에 상당한 영향을 미친다. 결정은 중요하기 때문에 정확해야 하는데, 말하자면 경험적 원리는 초기 단계에 대한 지침으로 건축물을 자연세계와 연결하고 창조적인 건축물에서 주요한 조건인 내구성 있는 작동에 대한 지침을 제공하기 위한 것이다.

내재에너지(즉, 탄소)는 건축물이 저에너지를 사용하게 만드는 재료에 축적되며, 이 관계를 반영하기 위해 경험적 원리가 적용되었다. 의도하지 않은 영향에 관한 경험적 원리가 포함되었으니 저탄소 효율 개선에 관심 있는 사람들에게 흥미로울 것이다. 건축은 여전히 사람에 대한 것이고, 최근 생리학에 대한 학술적 연구와 함께 무엇이 인간의 안락함을 형성하는지(그리고 그것을 측정하는 방법)에 대한 조사가 많이 이루어졌다. 그중 여러 연구에서 에너지, 안락함 그리고 건강과 웰빙 사이에 우리가 생각한 것보다 훨씬 밀접한 관계가 있음을 보여준다. 이러한 측면은 경험적 원리에서 강조되고 있다.

건축물 크기와 형태가 에너지 사용에 영향을 미치는 방식에 대한 새로운 원리가 있으며, 또 다른 원리로는 계절에 따라 적용할 수 있는 아이디어가 있다. 작가이자 교사인 바룩 지보니(Baruch Givoni)에게서 영감을 받은 것으로 여러 가지 토착건축 사례에서 살펴볼 수 있지만 최근까지는 거의 휴면 상태였다. 이전에 등장한 트롬브 벽(Trombe Wall)과 같은 일부 원리들은 예외일 수 있지만, 에너지 모델링의 발전 덕분에 최근 남미와 북유럽을 포함한 다양한 기후 지역의 주거와 공공건축물 모두에 걸쳐 다양하게 나타나므로, 이러한 원리는 저탄소 혁신을 확산시킬 방법으로 변함없이 유지되고 있는 셈이다.

이번 개정판의 경우 새로운 '보는 방법'의 도구가 원리에 통합되어, 행동을 촉구하는 원리와 행동에 대한 구체적이고 실용적인 해결방안을 제시하는 원리를 연결한다. 또한 이 책에서는 운영 및 내재 이산화탄소 모두에 대한 대용물로 탄소라는 용어도 일반적으로 사용하였다. 이 책과 관련해 꼭 읽어 봐야 할 '추천 도서 10권'을 선정하였으니, 함께 읽어 보고 영감을 줄 수 있기를 바란다.

이 책은 저자와 독자가 품고 있는 수많은 질문과 문제에 적절한 해법이 되고자 한다. 모든 설계 분야의 교육자들이 직면하는 어려움 중 하나는 경험적 원리의 토대가 되는 태양에 관한 정보를 어떠한 방식으로 해석하는가이다. 한낮에 태양을 향한 건물의 정면을 북반구에 위치한 경우 '남향'이라고 표현하지만, 남반구에 위치한 건물이라면 정오 시간대의 태양은 북쪽을 향하므로 '북향'이라 말할 수 있다. 이 책에서 저자는 조금 어색해보일 수 있더라도 기능적인 의미로 '태양을 향한' 또는 '남향의'(남반구에서는 북향), 그리고 종종 '적도를 향한'이란 표현을 대신하기로 한다. 태양 반대편의 정면은 '태양을 등진'으로 언급한다.

경험적 원리는 오늘날의 기후 지역과 미래의 불확실성에 적용할 수 있다. 예를 들면 이 책에 나와 있는 일부 온대 지방에서 더운 여름, 추운 겨울과 같은 기후 현상이 나타나기 시작했는데, 이러한 현상은 최근 추운 지역의 겨울과 더운 지역의 여름에 적용되는 원리를 온대 지방에도 고려해야 함을 의미한다. 원리들은 점점 증가하고 있는 예측 불가능한 기후에 건물들이 어떻게 탄력적으로 적응할 수 있는지 보여준다. 그 단순함을 통해 자연과 조화를 이루는 건축물을 만들도록 창의성을 불러일으키고 있다. 그와 동시에 우리 시대의 중대한 환경문제를 해결하고 사람과 건축물 그리고 기후 사이의 새로운 공생 관계를 구축해 나가고 있다.

코로나19(COVID-19) 대유행으로 야기된 실내환경 문제에 대해 새로운 연구주체로서 우리가 무엇을 할 수 있을지는 두고 볼 일이지만, 자연의 힘에 대항하는 것이 아니라 자연의 힘에 따라 작용하는 건축물은 항상 건강에 좋은 건물이 되기를 노력해 왔다. 이러한 특성은 보이지 않는 전염병 시대에 우리를 안전하게 보호하는 데 도움이 될 것이다.

이번 개정판은 인간의 눈에 있는 수용체를 발견함으로써 알게 된 빛을 보는 시각 과정, 광주기성 식물의 생체모방에 잠재된 가능성, 그리고 검은 꼬리 프레리독의 수동 환기 시스템 등 자연계의 다양한 주제를 다룬 연구에서 영향을 받았다.

운영에너지 사용을 최소화하기 위한 '경험적 원리'를 적용한 이후, 이 시리즈의 두 번째 책인 『지속가능한 건축과 도시 디자인 원리 101』은 지구 생태계와의 협력 속에서 전 세계 자원을 지속 가능하게 사용하는 방법, 인간의 건강과 웰빙을 고려한 설계 방법, 대체 및 재생 가능한 에너지원의 대안과 긍정적 방식으로 작동하는 건축물 전략 등에 대한 지침을 제공한다.

* 101 Rules of Thumb: '경험에 기반을 둔 101 원칙'으로 해석할 수 있으나 이 책의 제목은 '디자인 원리 101'로 번역하였다.

서론

본 개정판은 저에너지라는 용어가 저탄소라는 용어와 동의어가 되었기 때문에 나온 것이다. 에너지 생산은 전 세계 온실가스 배출량의 75% 가까이 발생하며, 그 대부분은 이전에 화석 연소에서 나온 매장 이산화탄소로서, 이로 인해 평균 기온 상승 폭으로 제한한 2°C를 향해 가고 있다. 건축 분야에서는 이산화탄소 배출량의 40%와 전 세계 에너지 사용량의 절반에 대한 책임이 있다. 세기 중반까지 세계 인구는 78억에서 약 100억으로 증가할 것으로 예상되고 있다. 2060년까지 신규 건축물의 바닥면적은 두 배로 증가할 것이며, 이때 에너지의 약 70%가 여전히 화석 연료에서 공급될 것이다.

이미 지은 건축물은 계속 에너지를 사용하고 있으며, 유럽만 보더라도 에너지 측면에서 기존 건축물의 약 75%가 비효율적인 것으로 간주되지만 개보수는 달팽이처럼 느린 속도로 진행되고 있다. 앞으로 지을 건축물은 기후 변화에 대응하는 데 있어 대단히 오랫동안 영향을 끼칠 수 있는 일생에 한 번뿐인 기회를 제공하는 셈이다.

이 책은 우리가 건물을 운영하는 데 사용하는 에너지에 대한 것이다. 이 운영에너지(그에 따른 운영탄소)는 전 생애 에너지(Whole-Life Energy, WLE)와 전 생애 탄소(Whole-Life Carbon, WLC)의 최대 80%를 차지한다. 에너지 사용 절감은 잘 알려진 대로 우선순위에 놓여 있지만 운영에너지를 줄이는 데 성공한다면 내재에너지(자재 처리, 건설, 유지관리 및 철거로 발생한)가 건축물의 전 생애 에너지 및 전 생애 탄소에서 더 많은 부분을 차지하게 되며, 따라서 보다 면밀한 점검을 받게 될 것이다.

전 세계 이산화탄소 배출량은 계속해서 변화한다. 재생에너지와 원자력 에너지의 증가로 2019년에는 평준화되었지만, 2018년 에너지 관련 이산화탄소 배출량이 증가한 원인은 예측할 수 없는 날씨와 여러 나라의 경제 상태 때문이라는 점에 주목할 필요가 있다. 즉 견실한 경제 상태에서는 더 많은 건설이 이루어지고, 불순한 기후와 덥거나 추운 날씨가 거주자의 불편함을 유발시켜, 거주자가 편안해지기 위해 에너지를 사용하게 되면서 이산화탄소를 방출하게 된다. '경험적 원리'에 따른 패시브 디자인 원리는 전 세계 어디에서나 이러한 관계를 탈탄소화하는 방향으로 제시하고 있다. 그런 다음 원리는 단순히 영향을 최소화할 뿐만 아니라 우리가 필요로 하는 해결책에 긍정적으로 기여하는 에너지 포지티브 및 탄소 네거티브 건물을 설계하는 플랫폼 역할을 하고 있다.

CHAPTER 1
부지와 입지 활용하기

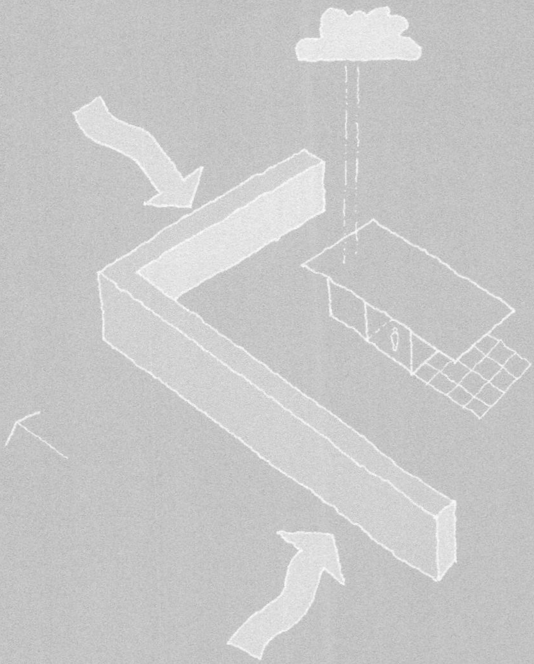

- 햇빛과 그늘
- 기후와 미기후
- 바람과 비를 피할 은신처

1. 지구상 건축물은 전 세계 에너지 사용량의 절반을 소비하고 전체 이산화탄소의 40%를 방출한다

전 세계에서 생성되는 모든 에너지 중 절반은 건축물을 짓고 운영하는 데 사용되며, 모든 에너지의 3/4은 여전히 화석 연료에서 얻고 있다. 우리가 사용하는 건축물은 전 세계 이산화탄소 배출량의 40%에 대한 책임이 있다. 분명한 것은 우리가 긴급한 기후 변화에 따른 목표를 충족하려면 세계에서 온실가스를 가장 많이 생산하고 있는 건축 및 건설 분야의 탈탄소화가 가장 중요하다는 점이다.

원리 34와 연결

RULE 1

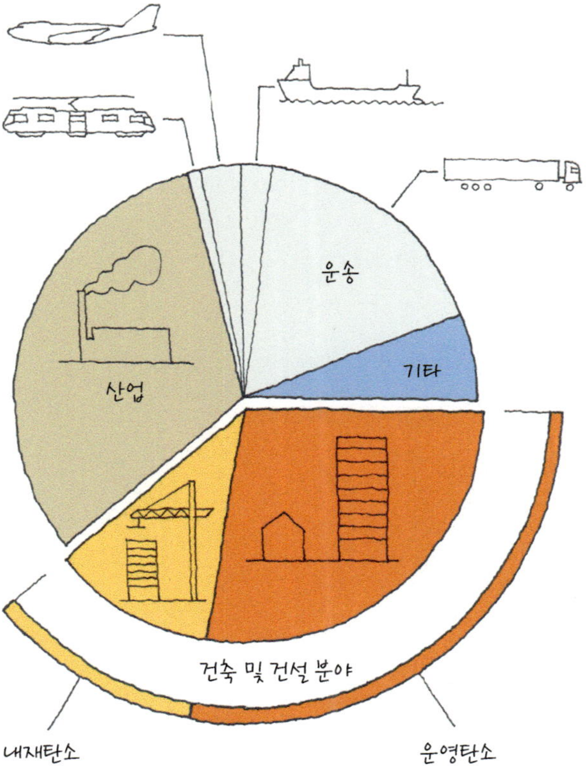

전 세계 이산화탄소 배출량

2. 짓기 전에 먼저 생각하라

건축물은 오랜 시간 사용되면서 수명이 다하는 날까지 에너지를 소비하기 때문에, 건축물을 지을지 말지는 중요한 문제이다. 새로운 건축물을 짓는 것보다 기존 건축물을 보수하고, 재구성하거나 사업전략을 변경하고, 생활방식을 바꾸는 것이 답일지도 모른다. 이는 장기적 관점에서 에너지 사용을 최소화하는 방법이며, 또한 탄소 배출을 최소화하는 방법일 수도 있다. 선택할 수 있는 모든 사항을 고려하라.

RULE 2

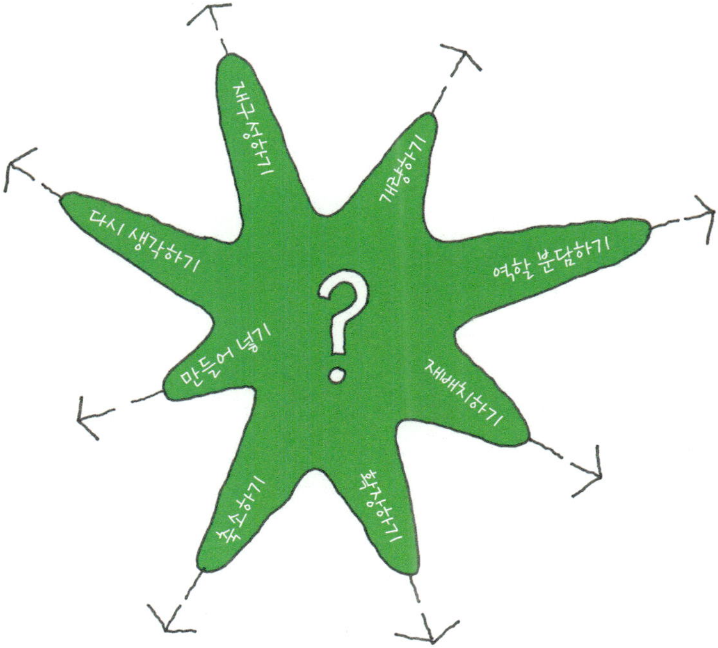

3. 해는 동쪽에서 뜨고 서쪽으로 진다

우리는 '해는 동쪽에서 뜨고 서쪽으로 진다'는 가장 기본적인 원리부터 생각해 보아야 한다. 좀더 구체적으로 살펴보면 적도부근 바깥의 경우 북반구 중위도의 겨울에는 태양이 남쪽에서 동쪽으로 뜨고 여름에는 동쪽에서 북쪽으로 솟아오른다. 이는 여름철에 이 지역 건물의 북쪽 면은 태양에 단시간 노출되지만 겨울철에는 햇빛이 건물의 북쪽 면을 비추지 않아 입면을 데울 수 없다는 것을 의미한다. 또한 북반구에서는 태양이 떠오른 후 남쪽 하늘을 가로지르는 것을 볼 수 있지만, 남반구에서는 같은 태양이 북쪽 하늘을 가로지를 것이다.

RULE 3

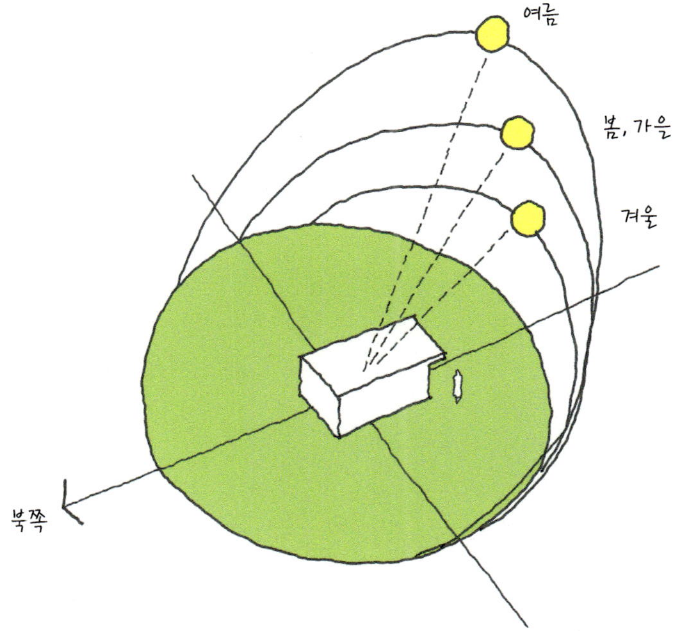

4. 지평선 위 태양의 고도는 기후에 대응한 건축의 여러 가지 측면을 결정짓는다

런던은 12월 정오의 지평선 위 태양의 최대 고도각이 대략 15°이다. 이 각도는 위도에 따라 달라지며, 이처럼 서로 다른 태양의 경로 때문에 각 지역은 고유의 기후 특성을 보인다. 태양의 경로를 그린 다이어그램은 세계 도시들의 12월 태양의 경로와 고도각, 방위각 등의 정보를 제공한다. 태양 경로 다이어그램이나 접근이 용이한 웹 기반 계산기를 활용하면 하루 중 또는 연중 특정 시기의 태양 위치를 추적할 수 있다. 지구와 태양의 상대적 위치, 즉 태양기하학을 이해하는 것은 기후에 대응한 건축물에서 중요하다.

원리 7, 8, 27과 연결

RULE 4

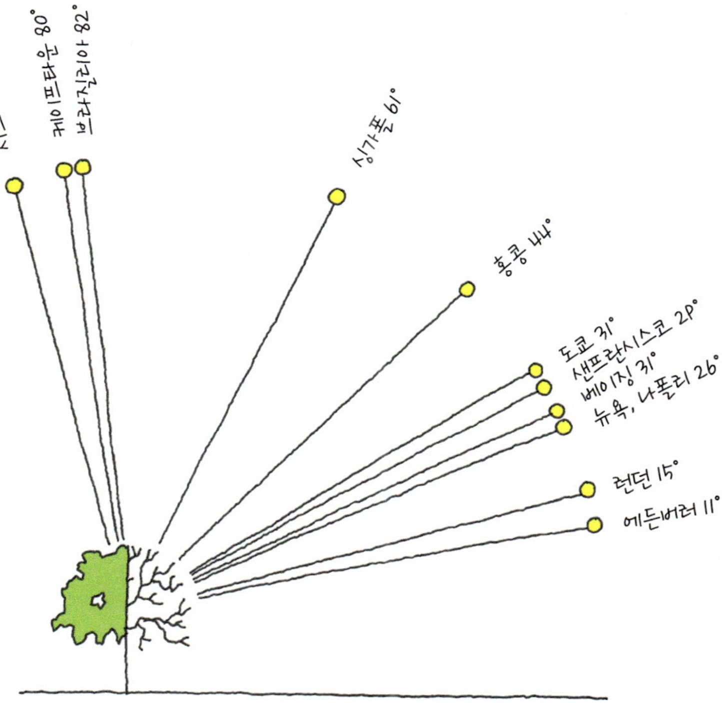

12월 21일- 지구상 위치별 정오의 태양고도

5. 태양 광선은 표면과 접촉하면 열로 전환된다

이러한 현상은 양자역학에 뿌리를 두고 있지만, 쉽게 말하면 결국 지구와 그 위에 있는 모든 것이 태양에 의해 따뜻해지고 모든 생명체의 생존이 가능해진다는 것이다. 지구가 데워지는 정도는 기후와 날씨에 따라 결정되며, 우리가 지구상 어느 곳에 위치하느냐에 따라 크게 달라진다.

RULE 5

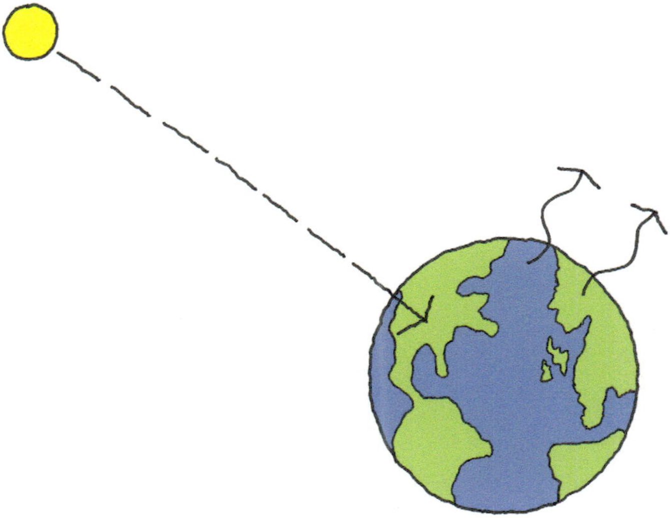

6. 실내가 뜨거워지는 것을 원하지 않는다면, 태양 빛을 차단하라

지구가 태양에 의해 데워지는 것처럼, 태양 광선이 비추면 그 어떤 표면도 온도가 올라간다. 이 원리가 중요한 이유는 직사광선을 차단함으로써 실내가 과열되는 것을 막을 수 있기 때문이다. 일단 직사광선이 실내로 들어왔다면, 건물이 뜨거워지는 것을 막기에는 이미 늦다.

원리 8, 27과 연결

RULE 6

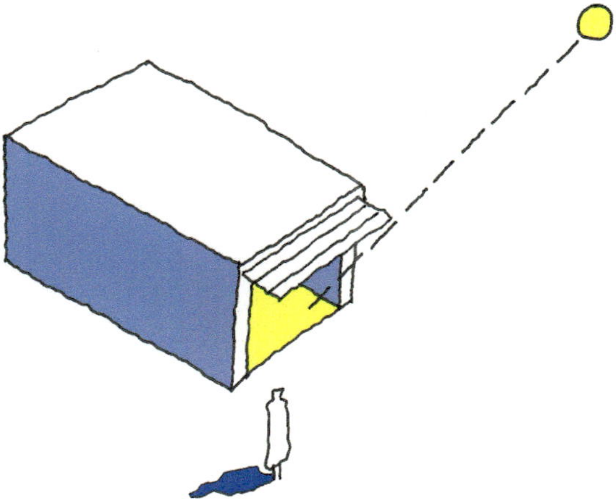

7. 낮은 고도의 겨울철 태양을 적극 활용하라. 그것은 무료 열원이다

겨울철에는 태양고도가 낮기 때문에 실내 깊은 곳까지 햇빛이 들어온다. 이는 곧 탄소제로 무료 열원이 생겼다는 뜻이다.

원리 3, 43과 연결

RULE 7

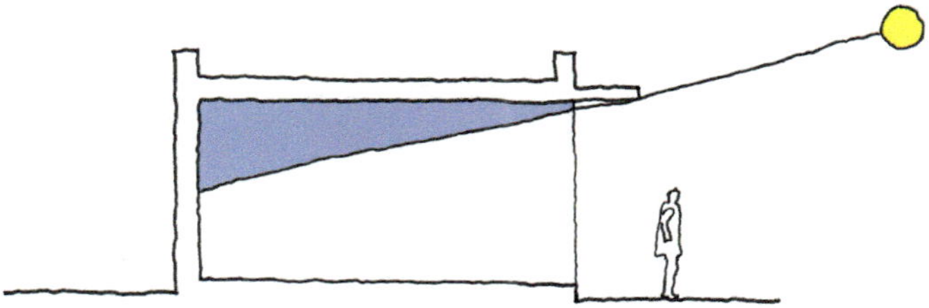

8. 여름철 과열현상을 방지하라

여름철에는 태양고도가 높아서 6월의 경우 런던은 지평선 위로 최대 약 62° 고도각에 이르며, 베이징과 뉴욕은 73°, 카이로는 83°에 이른다. 12월이 되면 시드니에서는 태양고도각이 약 80°에 도달한다. 태양을 향한 창문의 경우에는 간단한 수평 차양 장치로도 높은 고도각의 여름 태양광선이 실내로 들어오는 것을 막을 수 있다. 창문 머리 부근에서 투사되는 깊이를 계산해 보면 중위도에서는 600~900mm, 태양이 수직으로 내리쬐는 적도 부근의 건물에서는 적어도 1,200m이다.

원리 27~30과 연결

RULE 8

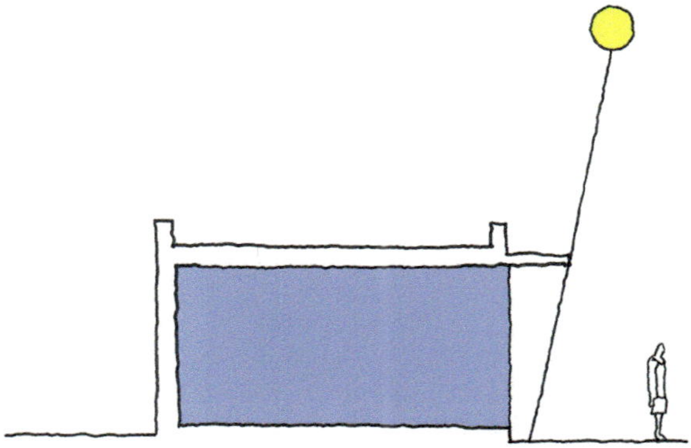

9. 부지의 지형은 건축물의 위치 정보를 알려 준다

지형, 다시 말해 땅의 형태는 디자인하기 전에 검토해야 한다. 풍향과 풍속은 언덕, 계곡 그리고 그 외 다른 자연 요소의 영향을 받는다. 종종 계곡과 산악 지대에서는 바람의 패턴이 낮과 밤 사이에 바뀐다. 풍향은 대지 위에서 풀이 날리는 방향을 보고 확인할 수 있다.

RULE 9

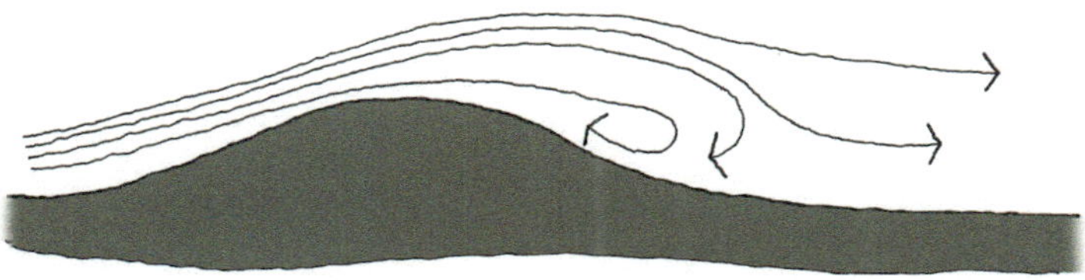

10. 바람막이는 풍속을 절반으로 줄이고 건물 외피의 냉각 현상을 낮춰 준다

바람막이 혹은 방풍림은 바람에 상당한 영향을 미친다. 잘 설계된 바람막이의 뒤쪽에 건물을 배치하면 건물 외피의 냉각 부하를 낮춤으로써 15~20%의 에너지 절감 효과를 얻을 수 있다. 건축물은 바람막이 높이의 5배 이내에 배치한다. 그러나 열대지방에서는 바람의 흐름을 막기보다 흐르게 해야 함을 기억하자.

RULE 10

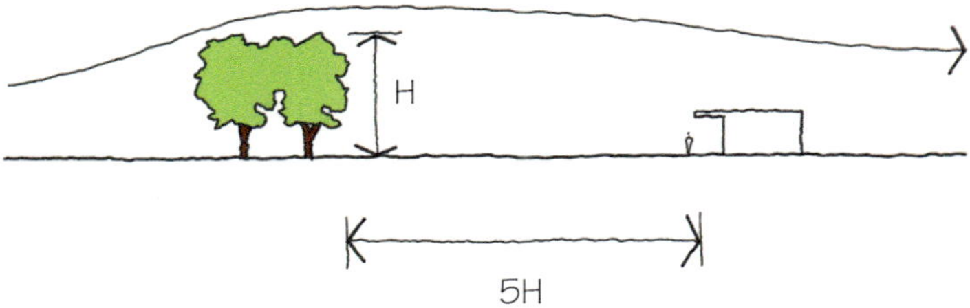

11. 바람의 속도는 바람막이와 상당히 멀리 떨어진 곳에서부터 영향을 받는다

바람의 속도는 바람막이 높이의 약 20배까지 감소될 수 있기에 아주 먼 곳에 위치한 바람막이도 에너지 사용을 줄이는 데 도움이 된다. 찬바람을 피할 수 있는 자리라면 그 건물 주변의 옥외 환경은 위험하거나 피해야 할 곳이 아닌 즐길 수 있는 장소가 된다.

RULE 11

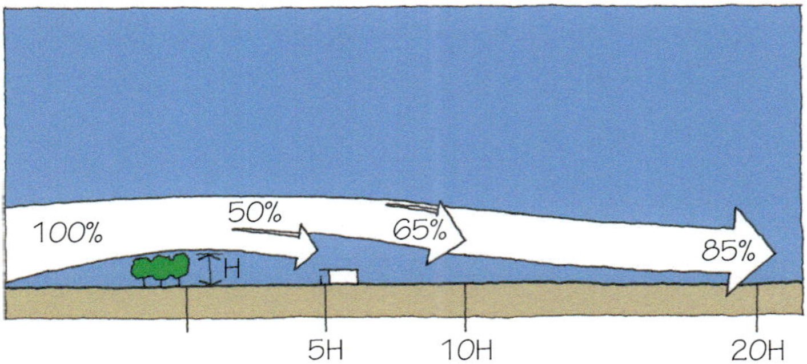

12. 물의 존재 자체가 냉각 효과를 주는 무료 자원이다

호수나 바다와 같은 수역은 주변 대지의 공기 온도와 습도에 큰 영향을 미친다. 여름철 밤하늘에 노출된 물은 증발하면서 온도를 낮추는 과정을 통해 더운 낮에 데워진 바람을 식혀 준다. 물로 식힌 바람이 실내로 유입될 수 있도록 건물을 배치하라. 고온다습한 기후와 계절의 낮 시간에는 해풍을 끌어들임으로써, 에어컨을 사용하지 않아도 되는 환경이 될 수 있도록 바다를 향해 건물을 배치해야 한다.

RULE 12

13. 과도한 차양은 겨울철 일사량을 감소시켜 건물 외피가 냉각될 수 있으므로 피하도록 한다

추운 기후와 계절에는 건물 외피의 온기를 유지해 줘야 한다. 만약 햇빛이 가려진 그늘 안에 배치되어 있다면 적절한 실내 온열 환경을 조성하는 데 많은 에너지가 필요하게 된다. 봄이 되면 눈이 가장 먼저 녹는 곳, 그늘이 지지 않는 곳, 즉 해당 대지 안에서 가장 따뜻한 곳에 건물을 배치하라.

RULE 13

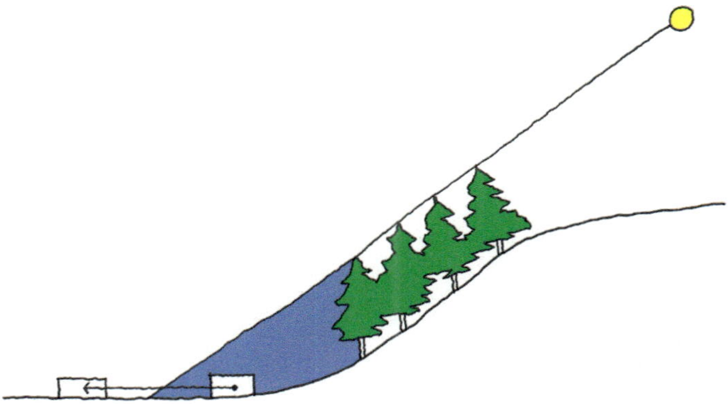

그늘에서 벗어나기

14. 나무는 여름에 그늘을 제공하고, 겨울이면 태양열을 얻도록 도와준다

나무는 유용한 차양 장치가 될 수 있다. 낙엽수는 여름철 일사의 최대 85%까지 차단한다. 겨울철에는 잎이 모두 떨어져 태양 에너지의 최대 70%를 나뭇가지 사이로 통과시킨다. 하절기에 태양을 바라보는 건물의 입면 대부분을 가리려면 매우 큰 나무가 필요한데, 이때 나무와 나무 뿌리에 건물이 근접하면 건물과 나무 양쪽에 또 다른 문제가 발생할 수 있다. 경험에 비추어 볼때 다음 그림과 같이 지면을 기준으로 45°기울기 바깥쪽에 처마가 놓이도록 나무를 배치하는 것이 좋다.

RULE 14

여름

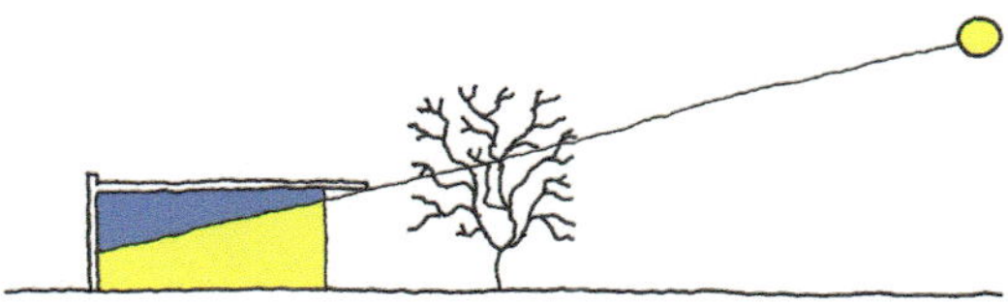

겨울

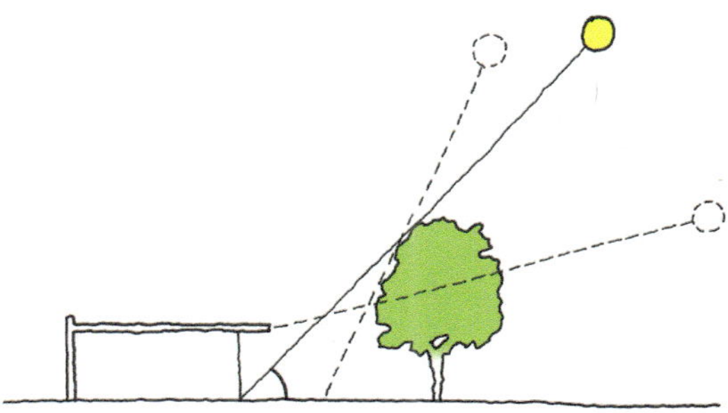

45°

절충

15. 하절기 자연냉방을 위해서는 조경을 활용하라

나무를 심으면 바람의 경로를 바꿀 수 있을 뿐만 아니라 바람을 식히는 데에도 유용하다. 나무 또는 다른 식재로 그늘진 땅은 주변 지역보다 시원하며, 뜨거운 바람이 그늘진 땅을 지나면서 냉각 효과를 만든다. 이러한 원리는 도시와 시골 모든 환경에 적용할 수 있다. 나무와 녹지공간은 다른 이점도 제공하는데, 이산화탄소를 흡수하고 공기의 질을 개선함으로써 건강과 삶의 질에 도움을 준다. 수직정원은 녹지공간이 제한된 덥고 습한 도시 환경에서의 해결책이 될 수 있다.

RULE 15

16. 비와 바람을 피할 수 있는 은신처를 만들어라

비와 바람은 건물 외피의 온도를 낮추기 때문에 차가운 기후와 계절에는 실내를 따뜻하게 만드는 데 추가 에너지가 필요하다. 지붕의 돌출 처마는 비로부터 건물의 입면을 보호한다. 바람막이는 여러 가지 형태가 있으며, 모두가 디자인상 건축계획적 방안이 될 수 있다.

- 수목
- 관목, 울타리
- 담장
- 정원을 에워싼 벽
- 뜰, 안뜰

RULE 16

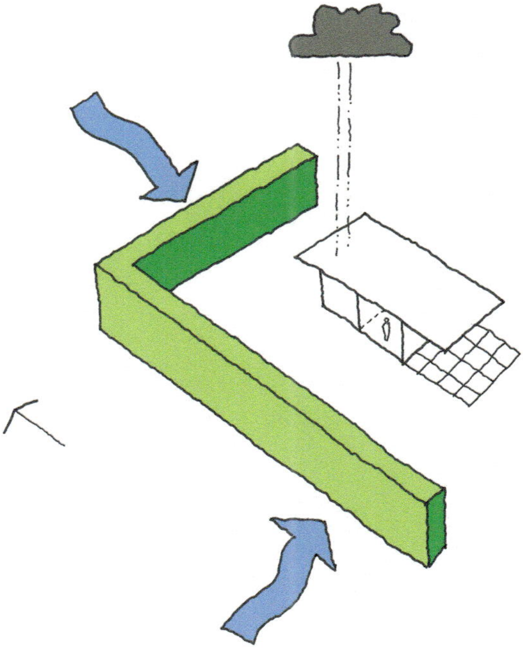

17. 건축물의 형태가 미기후를 만든다

건축물은 따로 떨어져 개별체로 작용하는 것이 아니라, 미기후로 알려진 보다 넓은 범위의 시스템 내에서 작용한다. 건물과 주변 환경은 이러한 국지적 기후를 통해 서로 영향을 미친다. 따라서 건물의 형태와 자재 그리고 주변 조경을 조절함으로써 외부 공간은 일 년 내내 생활하기에 적합하고, 실내공간은 보다 편안하고 쾌적한 곳으로 만들 수 있다. 또한 개별 건물 혹은 인접 건물 간의 상호작용을 통해 찬바람에 대한 대응책을 갖고 있는 경우에도 에너지 소모를 줄일 수 있다. 그러나 일부 지역과 계절, 특히 도시에서 부는 바람은 뜨겁고 건강에 해로운 공기를 몰아내는 이점이 있음을 유념해야 한다.

원리 5와 연결

RULE 17

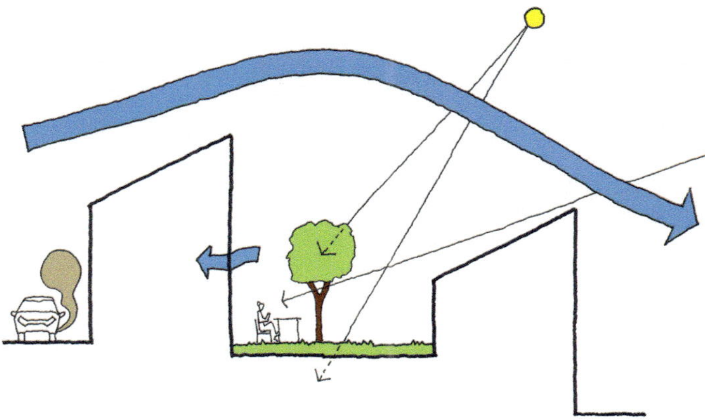

18. 서쪽의 수목지대는 늦은 오후의 태양을 가려준다

건물의 서쪽에 계획한 수목지대는 여름철 늦은 오후의 강렬한 태양열로부터 건물을 보호하는 데 도움이 된다. 온대와 한대 기후대에 위치한 건물의 경우 겨울철 유용한 태양열이 차단되지 않도록 주의를 기울여야 한다. 열대 기후대에서는 동쪽에 수목지대를 배치하는 것이 아침 시간 강렬한 햇빛을 차단하는 데 효과적이다.

RULE 18

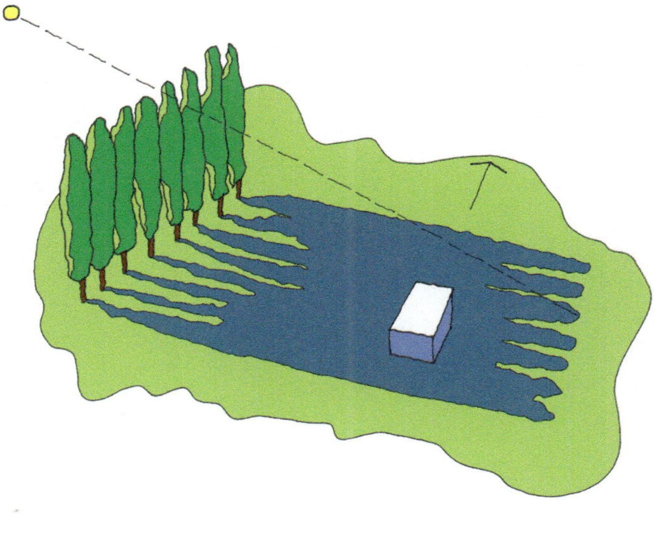

19. 기후는 예측하는 것이고, 날씨는 당신이 체험하는 것이다

공상과학 작가 로버트 하인라인(Robert Heinlein)이 제시한 원리다. 파리의 날씨는 눈보라가 칠 때면 지나치게 춥지만 대체로 기후는 온화하다. 지구를 둘러싼 얇은 대기층에서 관측되는 날씨는 특정 시간대의 대기 상태를 측정한 것이다. 반면, 기후는 오랜 기간에 걸쳐서 나타나는 대기의 상태를 말한다. 건물이 대응해야 하는 조건을 알기 위해서는 두 가지 모두 연구해야 한다.

원리 22~25와 연결

RULE 19

CHAPTER 2
방향과 형태 조절하기

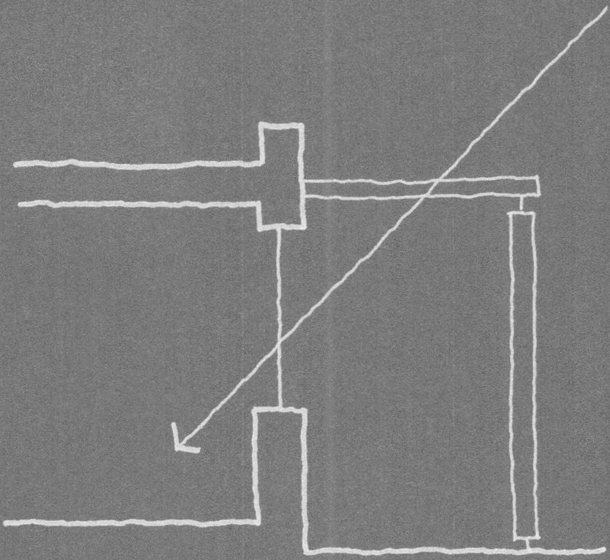

- 태양과 바람의 관계
- 건물 형태의 영향

20. 지역성에서 배워라

토착 또는 지역 고유의 건축물은 제한된 지역 자원과 에너지를 활용하여 열적 쾌적함을 제공하는 경향이 있다. 과거와 현재 양쪽에서 얻을 수 있는 교훈은 지역과 기후가 조화를 이루면서 그 속에서 온전하게 사람들이 살아간다는 것이다. 건축물을 어떻게 운영할지에 관한 실마리를 찾기 위해서는 항상 지역 고유의 토착성을 살펴봐야 한다.

원리 5와 연결

RULE 20

21. 자연의 힘을 거스르지 말고 협력하라

자연의 힘을 이해하고 활용하는 것이 기후 반응형 건축의 핵심이다. 지구는 자전축을 따라 23.5° 기울어 있고, 이 때문에 계절의 변화 및 기류의 변화가 발생한다. 태양과 바람이 특정 장소에 미치는 영향은 거시적으로 위도와 고도의 차이에서 기인하며, 미시적으로는 바다, 산, 사막과의 근접성에 따라 결정된다. 북반구에 위치한 뉴욕의 6월은 여름인 반면, 남반구에 위치한 시드니의 6월은 겨울임을 기억하라.

원리 22, 33과 연결

RULE 21

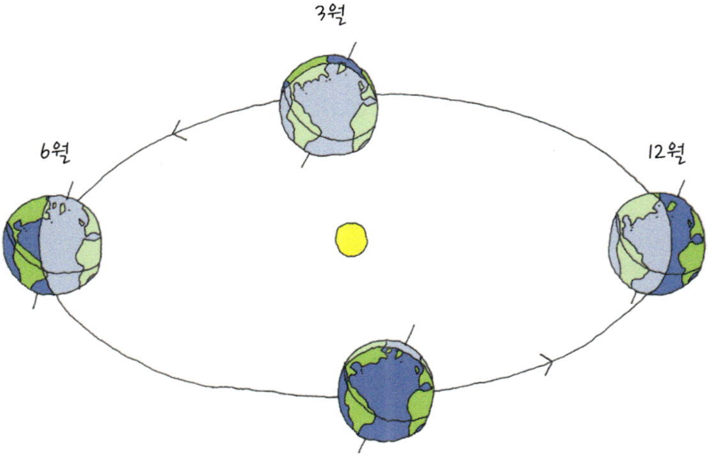

22. 태양이 지구에 미치는 영향은 위치에 따라 다양하게 나타난다

적도를 기준으로 약 15° 정도 이내의 위도 지역에서는 무더위 및 과열 현상이 기후와 관련된 주요 관심사이다. 이 지역에서는 건물 동서쪽 입면에 내리쬐는 많은 양의 일사량을 조절하는 것이 중요 관심사이며, 겨울철 난방은 단지 해발고도에 관련된 문제일 뿐이다. 적도를 기준으로 약 15° 정도 이내의 위도 지역을 벗어나면 태양을 향한 입면(북반구에서는 남향, 남반구에서는 북향)이 가장 많은 햇빛을 받게 된다. 햇빛은 겨울철에 자연난방 수단으로 사용될 수 있지만, 여름철에는 과열 현상을 유발함으로써 실내에 원치 않는 열이 발생할 수 있다.

RULE 22

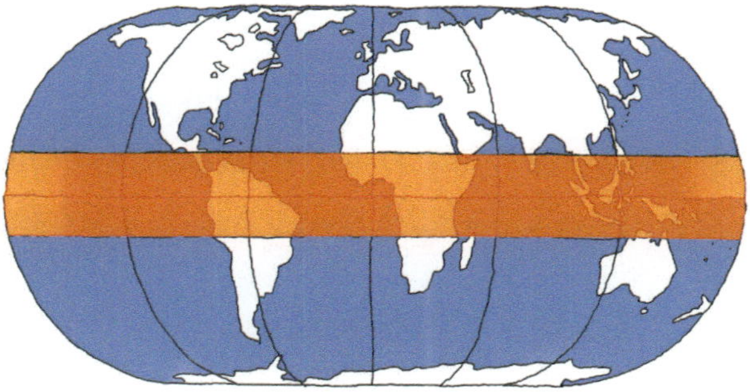

23. 대기 움직임에는 패턴이 있다

지구상의 기류는 지구가 받는 가변적인 태양열과 지구 자전 현상 때문에 발생하는 것으로, 지구상의 기류는 하나의 특정한 패턴을 보인다. 원리 22에서 이야기한 적도 부근의 과열 문제는 태양과 바람의 관계를 보여주는 좋은 사례이다. 적도를 기준으로 위도 15° 이내에서는 동쪽과 서쪽의 창문을 최소화하여 열이 실내로 들어오는 것을 막아야 한다. 그러나 동쪽에서 불어오는 무역풍은 때때로 적절한 통풍 효과를 주므로 차양을 비롯한 개구부 계획을 잘하는 것이 이러한 기후대에서 훌륭한 해결책이 될 수 있다.

RULE 23

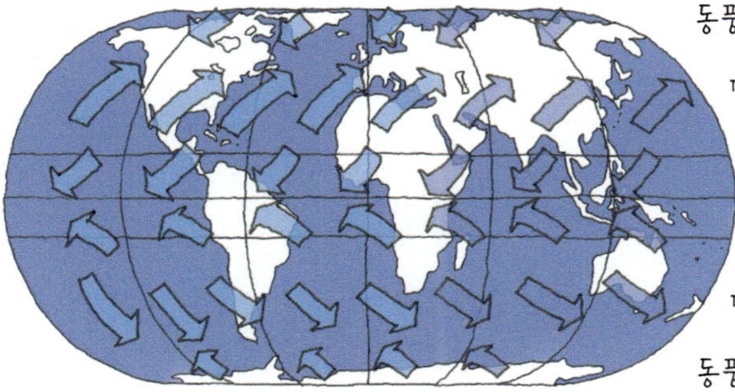

24. 태양과 바람을 함께 이용하라

태양과 바람의 위치와 방향은 계절에 따라 변한다. 건축가는 태양과 바람 두 요소 간의 긴밀한 상호 관계를 이해함으로써 건물의 향과 형태, 공간 배치와 크기, 개구부 위치를 조절해 자연냉난방 및 환기 효과를 얻을 수 있다. 예를 들면 북반구에서는 여름에 남풍이 불어올 경우 남쪽 개구부에 적절한 차양 장치를 설치해 햇빛에 의한 열 상승 없이 환기에 의한 냉각 효과를 얻을 수 있다.

원리 17과 연결

RULE 24

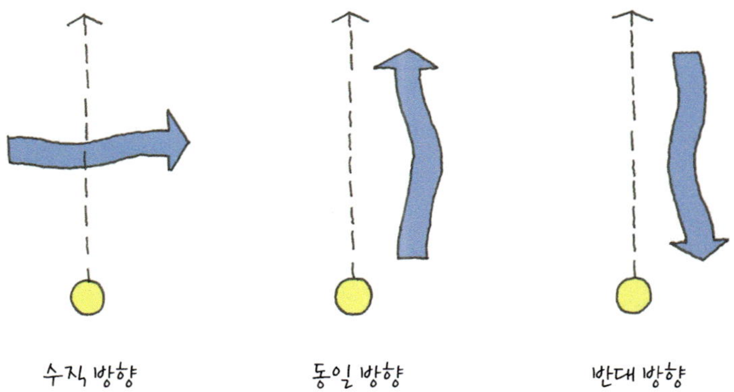

25. 바람은 에너지 사용에 영향을 미친다

지구의 대기는 하나의 패턴으로 움직이지만 기상 체계에 영향을 받는 바람은 시시각각 변한다. 어느 곳에서든 각기 다른 방향에서 불어오는 바람의 시간대와 그 강도 및 온도는 저에너지 건축물 설계에서 중요한 요소이다. 과거의 풍력 데이터를 조사하여 월별 변화 추이를 파악하면 이에 대응하여 건축물을 계획할 수 있다.

원리 16, 17, 26과 연결

RULE 25

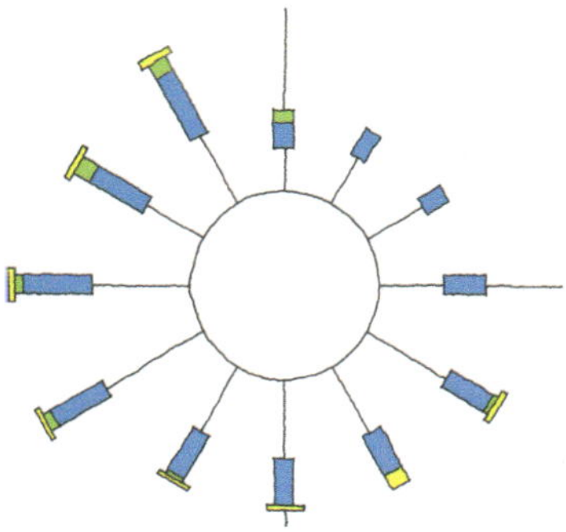

여름 미풍

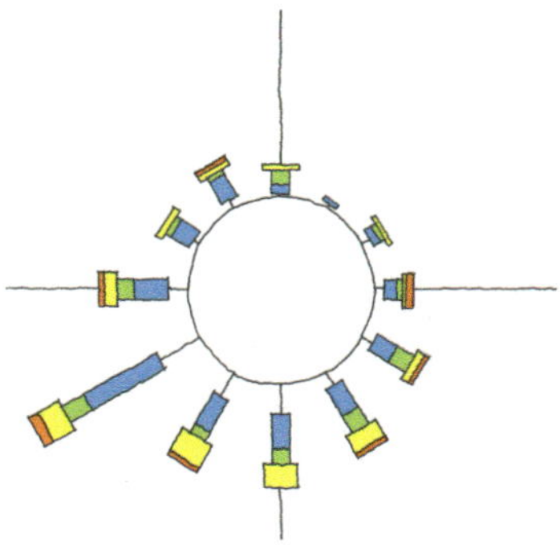

겨울바람과 강풍

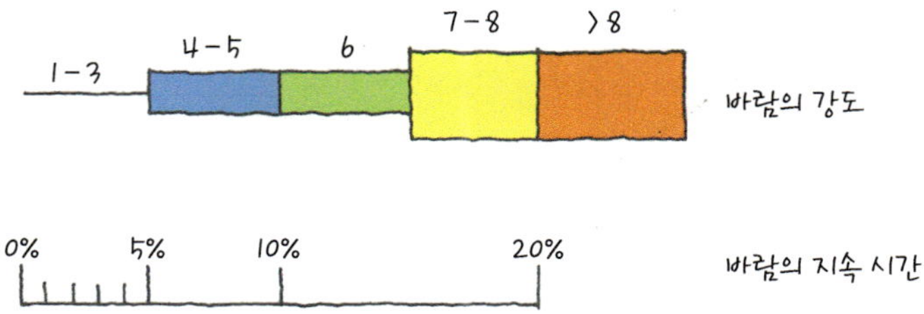

26. 냉기가 필요한 방은 북쪽에, 온기가 필요한 방은 남쪽에 배치하고 열적 완충 영역을 두어라

지구는 하나뿐이며 계속해서 증가하는 인구를 수용하는 데 한계가 있다. 난방이 거의 또는 전혀 필요하지 않거나, 가끔 필요한 곳(침실, 화장실, 창고 등), 그리고 자체 발열이 있는 공간(부엌, 사무실 공간)은 열적 완충 영역으로 작용하도록 태양열을 받지 않는 쪽에 배치하는 것이 유리하다. 태양을 등진 면은 햇빛을 거의 또는 전혀 받지 않기 때문에, 추운 겨울바람에 그대로 노출될 수 있다. 거실과 같이 따뜻해야 하는 공간은 태양을 향하도록 계획한다. 이러한 원리는 '서번트 공간(Servant Space, 서비스를 제공하는 공간)'과 '서브드 공간(Served Space, 서비스를 제공받는 공간)'이라는 건축 개념과도 관련이 있다. 부엌, 욕실, 창고와 같은 서번트 공간은 거실처럼 보다 빈번하게 사용하는 공간에 유용한 완충 영역 역할을 한다.

RULE 26

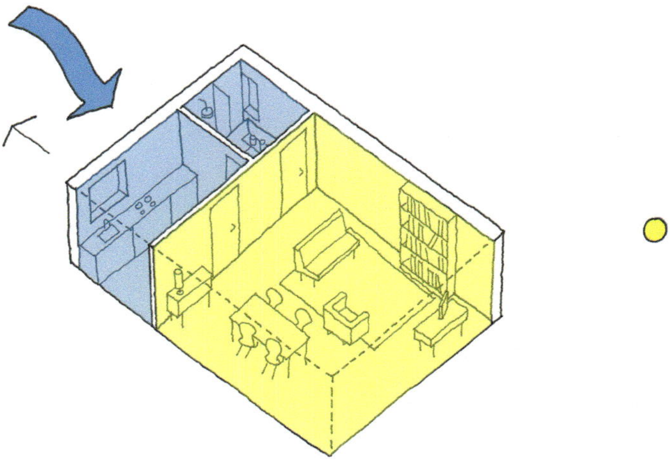

27. 건물의 정면은 태양을 향해야 한다

건물의 정면은 태양을 향해야 한다(북반구에서는 정남향을 기준으로 적어도 30° 이내에 면하거나 남반구에서는 정북향을 기준으로 30° 이내에 면한다). 원치 않는 여름철 태양열을 피할 가장 쉬운 방법(이러한 단순 수평 투영이 효과적이다)이기 때문이다. 이는 겨울철에 열을 확보하는 데에도 가장 좋은 방법이다. 실제로 올바른 방향을 선택하는 것만으로도 건축물의 에너지 사용량을 절반 가까이 줄일 수 있다.

RULE 27

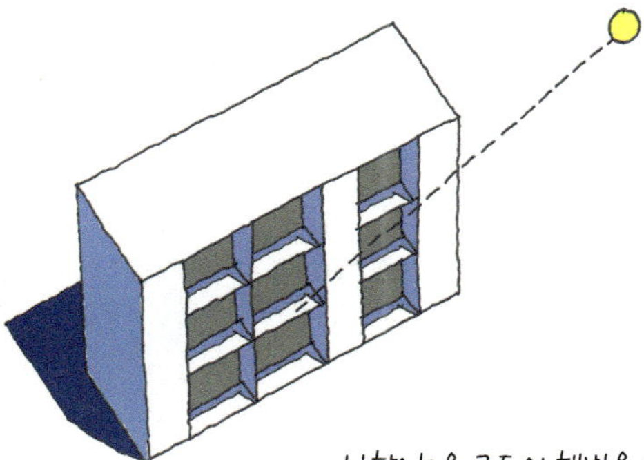

남향: 높은 고도의 햇빛을 가리기 쉽다.

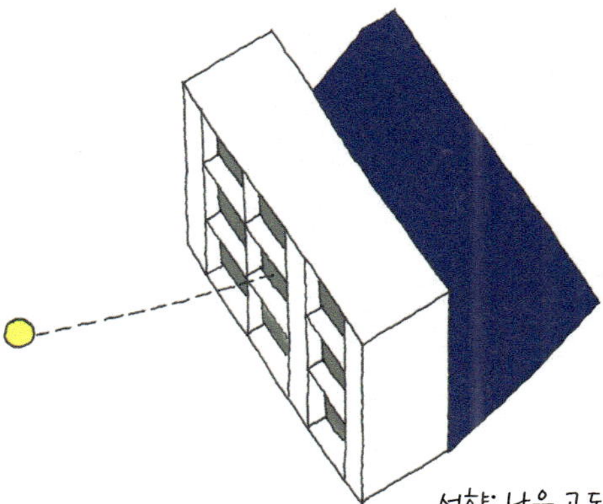

서향: 낮은 고도의 햇빛을 피하기 어렵다.

28. 동쪽과 서쪽 하늘의 태양고도는 낮다

원치 않는 태양열을 받게 되는 것은 한낮의 높은 태양 각도 때문만이 아니다. 아침과 저녁에는 각각 동쪽과 서쪽 하늘의 태양 고도가 낮아진다. 따라서 건축물의 동측과 서측 입면 역시 태양의 열기를 얻게 될 것이다. 온대 및 열대 기후대에서 서쪽을 향한 건물 입면은 낮은 각도로 들어오는 햇빛에 장시간 노출된다. 따라서 동쪽과 서쪽 입면에 입사하는 낮은 고도에서 넓게 퍼지는 햇빛은 높은 고도에서 내리쬐는 한낮의 햇빛과는 또 다른 문제를 만든다. 그러나 특정 지역과 특정 계절에는 이른 아침 태양이 주는 온기가 주거 공간을 예열하는 수단으로써 든든한 자연 친화적인 힘이 될 수 있음을 기억하라.

RULE 28

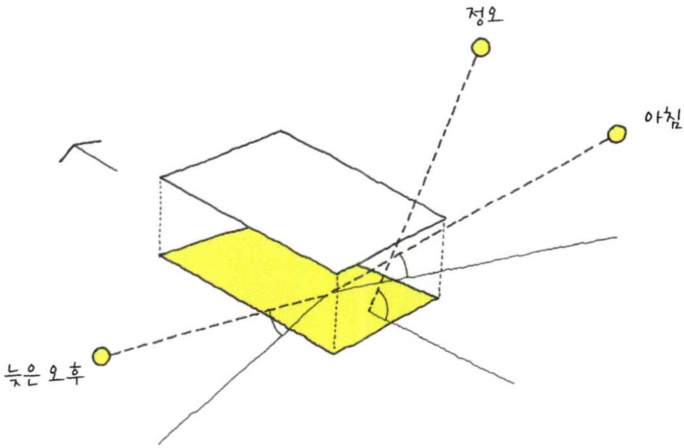

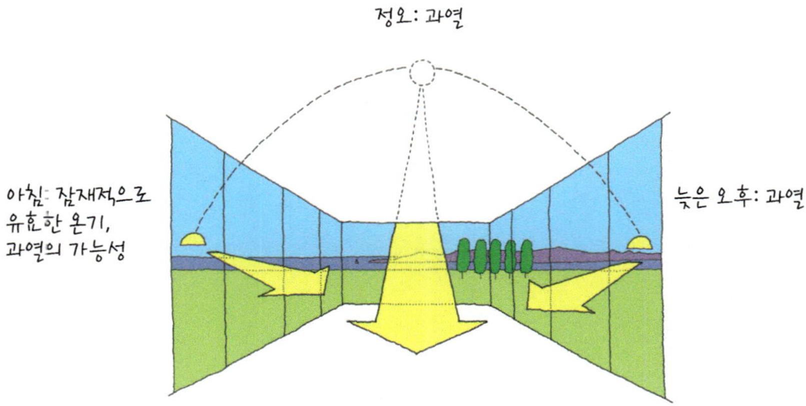

29. 입면에 설치하는 차양 장치는 여름철 태양열에 대한 해결책이다

디자이너는 원치 않는 태양열에 노출될 가능성을 줄이거나 차단하는 여러 가지 해결방안을 알고 있다. 햇빛이 건물 안으로 들어오는 것을 방지하려면 내부보다 외부에 차양을 설치하는 것이 좋다. 차양 장치의 높은 내재에너지는 차양 효과로 건축물의 운영에너지가 감소함으로써 상쇄된다.

RULE 29

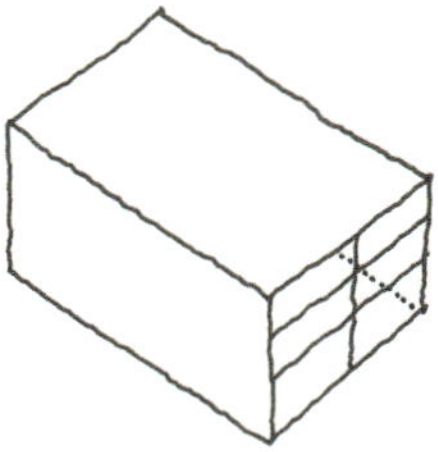

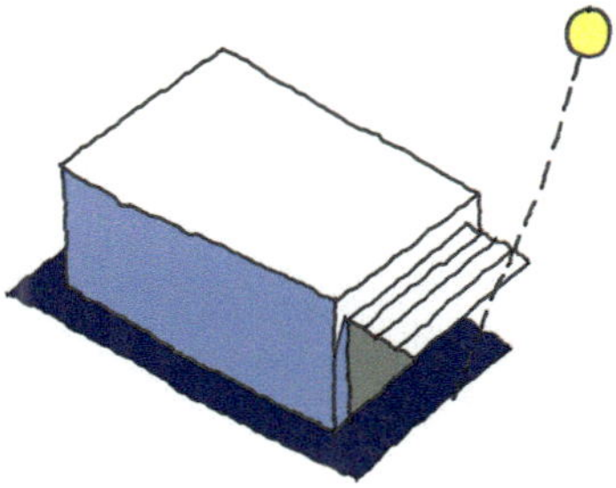

1. 수평 차양

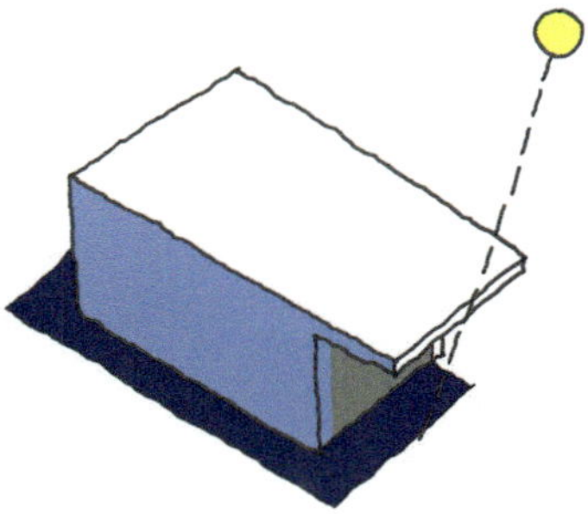

2. 지붕 돌출처마

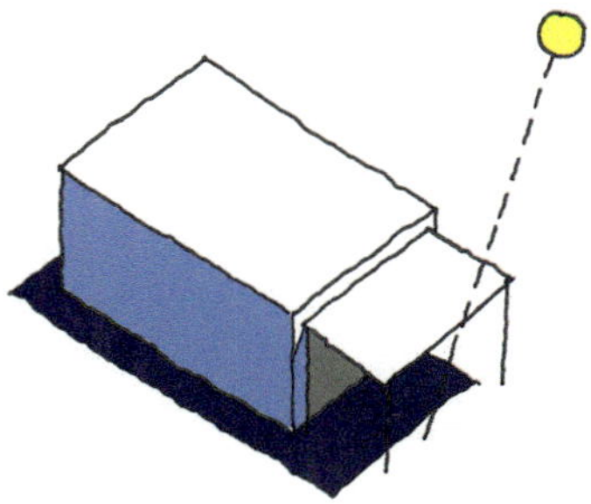

3. 파고라

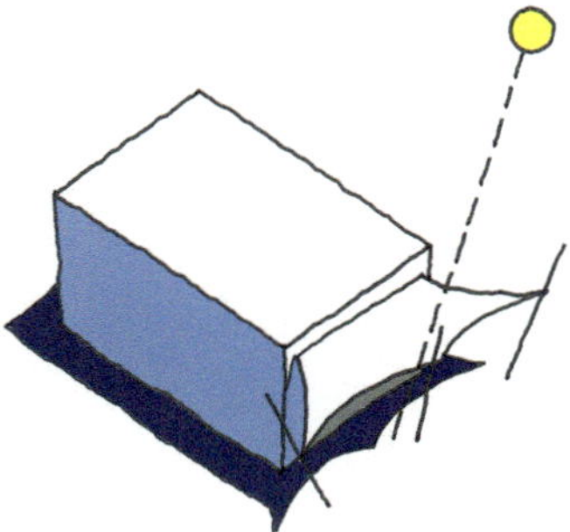

4. 차양 천막

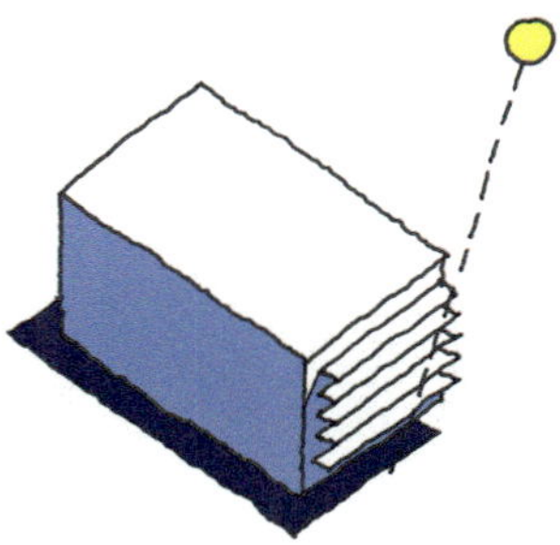

5. 높은 고도의 햇볕에 대응하기 위해
고안된 그 밖의 차양 장치

30. 여름철 차양은 서쪽과 동쪽 입면에 유용한 해결책이다

동쪽과 서쪽을 향한 개구부에서는 문제가 다르다. 태양의 고도는 낮더라도, 햇볕은 여전히 강렬할지도 모른다. 1층 공간이 좁은 고온다습한 기후의 도시에서는 수직정원이 차양 장치로 최선의 해결책이 될 수 있다.

RULE 30

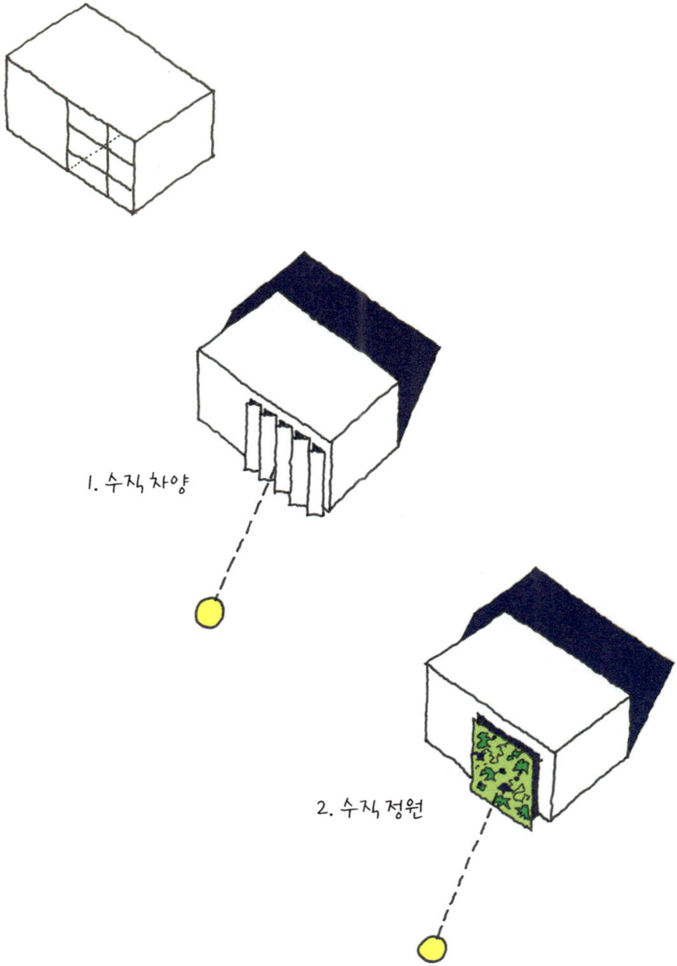

31. 봄과 가을 - 차양을 할 것인가? 말 것인가?

태양의 연간 궤적을 보면 춘분과 추분의 고도각이 동일하다. 그러나 온대 기후대의 이른 봄날에 비치는 햇살은 자연난방에 유용할 수 있어도 가을 아침의 강한 햇볕은 피하고 싶을지도 모른다. 그늘을 만들 독창적인 해결방안이 필요하다. 여기 두 가지 아이디어를 제시한다.

RULE 31

1.

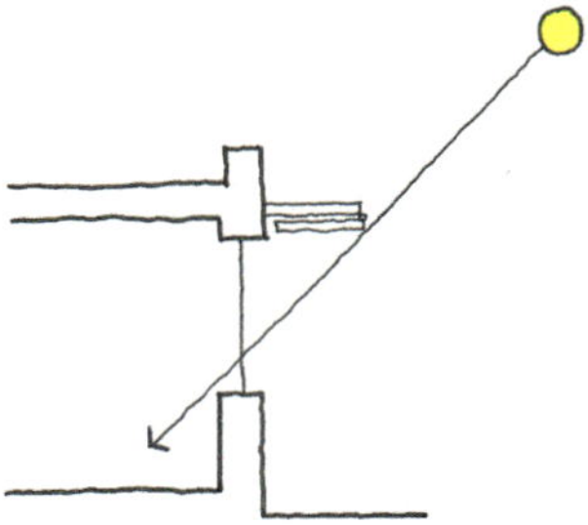

봄

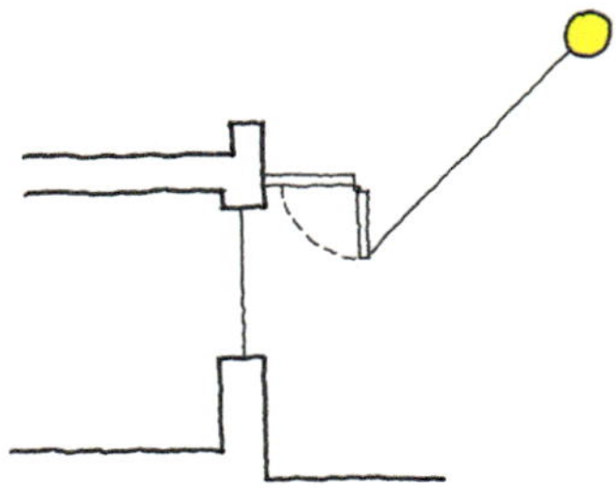

가을

2.

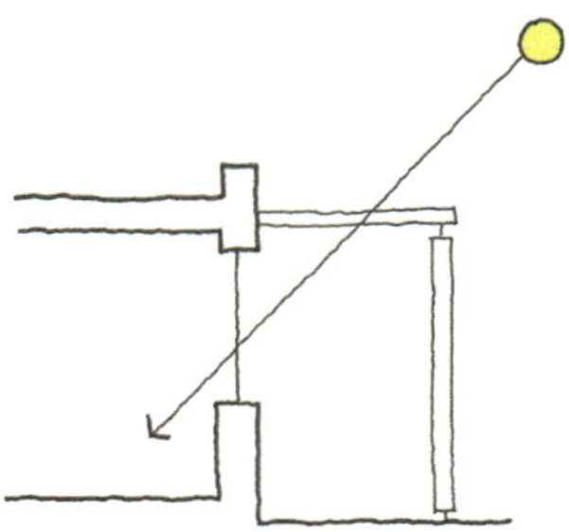

봄

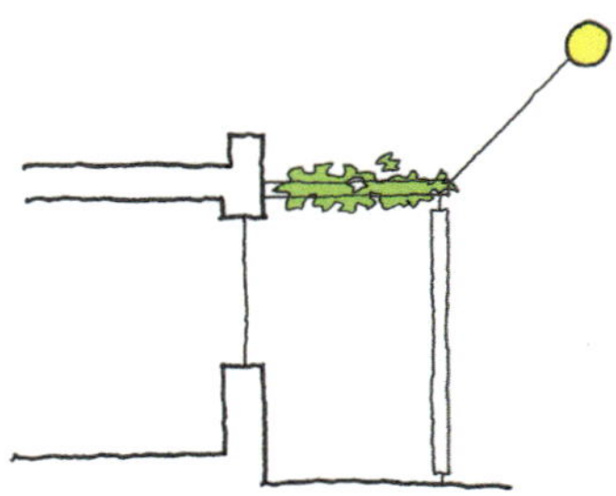

가을

32. 밀집된 생활환경은 에너지 사용량을 줄여 준다

건물 외피 표면적이 클수록 열 손실을 방지하는 데 더 많은 에너지가 필요하다. 겨울철 난방이 필요한 지역의 중층 아파트는 같은 바닥면적의 단독주택에 비해 에너지를 절반 이하로 사용할 수 있다. 이웃으로부터 단열 효과를 받지 못하는 독립 건축물이 사용하는 에너지를 줄이려면 단열재 추가를 포함해 별도 에너지 저감 조치를 취해야 한다. 밀집된 생활은 자원을 효과적으로 사용하고 탄소 배출량을 줄이지만, 자연환기와 채광에는 불리하다는 것을 기억해야 한다.

RULE 32

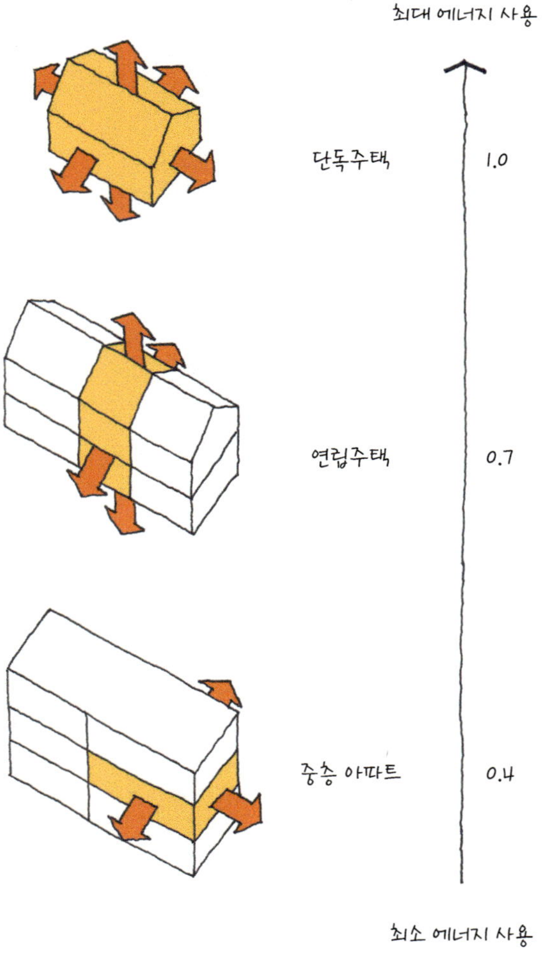

33. 계절 변화에 적응할 수 있는 건축물을 지어라

세계 특정 지역의 토착건축은 계절에 따라 변형될 수 있다. 거주자는 겨울에 난방할 방의 개수와 크기를 줄여서 난방이 필요한 영역을 조절하고, 날씨가 따뜻해지면 다시 원래대로 개방한다. 입면에 장치를 설치해 계절 변화에 대응하는 경우가 많지만, 만약 우리가 햇빛과 바람 그리고 그늘을 조절 관리할 수 있도록 건축물 자체를 변경할 수 있다면 계절 변화에 대한 적응성이 보다 좋아질 것이다. 자연에서 힌트를 얻을 수도 있다. 예를 들면 광주기성 식물의 경우 낮과 밤의 길이 변화를 감지하고 온도가 적당할 때 휴면 상태에서 꽃을 피운다.

RULE 33

CHAPTER 3
저에너지 건축물의 외피 시스템

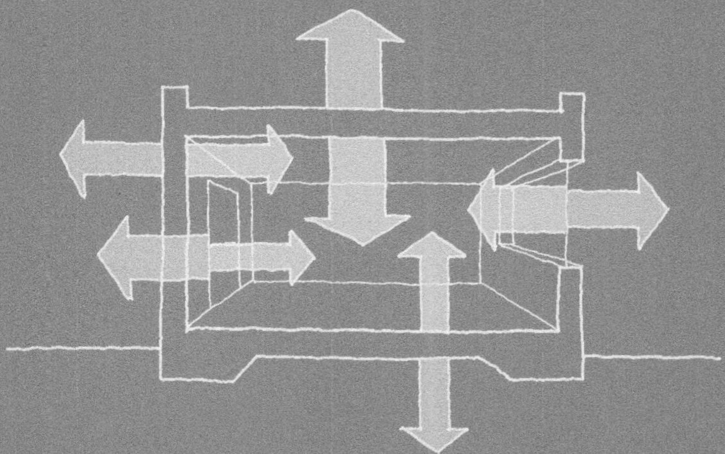

- 무거운 구조체, 가벼운 구조체
- 난방이 필요한 시점
- 열 손실 줄이기

34. 전 생애주기 탄소를 생각하라

건축물은 사용기간 내내 이산화탄소를 배출한다. 난방, 냉각, 조명 등과 같은 운영에너지는 운영탄소를 배출한다. 그러나 이산화탄소는 건설 단계부터 주기적인 수선 및 재사용을 위한 마지막 해체 과정까지 포함하여 건물을 만드는 데 사용하는 재료와 관련되어 있는데, 이것을 내재탄소라고 부른다. 운영 과정에서 발생하는 탄소의 양과 내재탄소의 총합이 전 생애주기 탄소량이다. 설계를 시작하는 순간부터 마지막 단계에서 건물을 어떻게 재사용할지를 포함하여 건물의 전체 수명을 고려해야 하며, 그것은 새로운 저탄소의 시작이어야 한다.

원리 2, 35와 연결

RULE 34

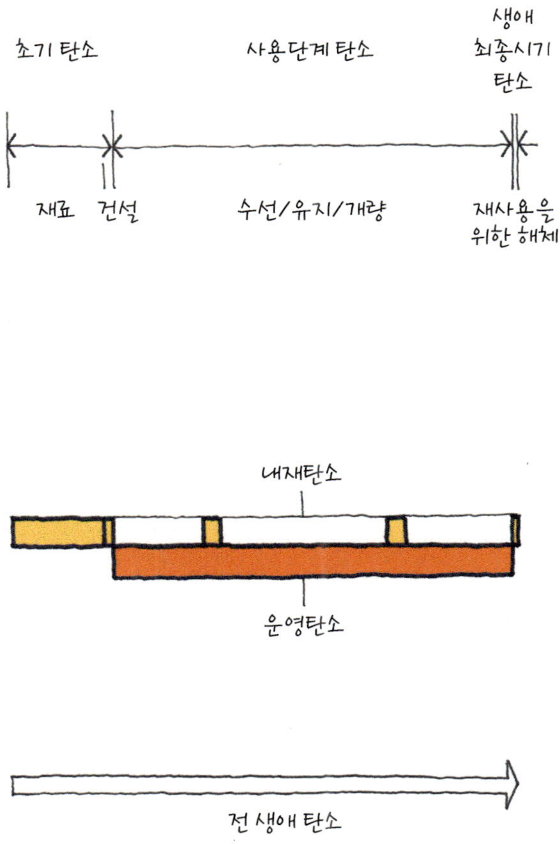

35. 저탄소와 지속 가능한 재료를 사용하라

저에너지 건축물의 외피에는 내재탄소가 적고 지속 가능한 재료를 사용해야 한다. 우선적으로 이미 존재하는 자재를 사용해야 하며, 어려울 경우에는 재사용 및 재활용 자재를 선택해야 한다. 재활용 재료에는 종종 추가적인 에너지와 자원이 필요하다. 천연 재료가 필요한 경우 지속적으로 관리되는 재생 가능한 유기 재료를 사용한다. 많은 양이 필요한 흙과 돌과 같은 자재는 현지에서 조달한다. 재생 불가능한 재료는 가능한 아껴서 사용해야 하며, 다음과 같은 저탄소 재료 사용을 목표로 해야 한다.

- 제로 시멘트 콘크리트
- 재사용 목재와 강철
- 고함량 재생 강철
- 유기 단열재

RULE 35

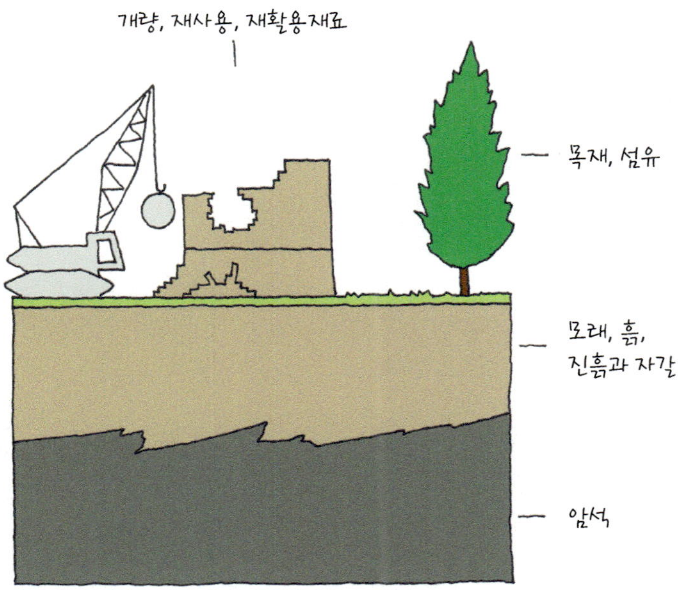

36. 중량이 큰 건물은 천천히 가열되고 천천히 냉각된다

중량이 큰 벽체는 열을 천천히 흡수하고 저장한다. 축열체에 저장된 열은 서서히 실내로 방출된다. 높은 축열 성능을 지닌 건축물은 실외온도가 최고점을 찍은 시점부터 오랜 시간이 흐른 뒤인 익일 아침 시간에 이르러서야 실내온도가 최고조에 달하기도 한다. 따라서 중량이 큰 건물은 실외온도의 변화에 반응이 느리다고 볼 수 있다. 이는 '열적 지연 효과'로 알려져 있으며, 건축물의 이용 패턴과도 밀접한 관련이 있다. 재생 벽돌 또는 제로 시멘트 콘크리트와 같이 축열 성능이 높고 탄소 함량이 가장 낮은 자재를 항상 사용하도록 하자.

원리 35, 38, 44와 연결

RULE 36

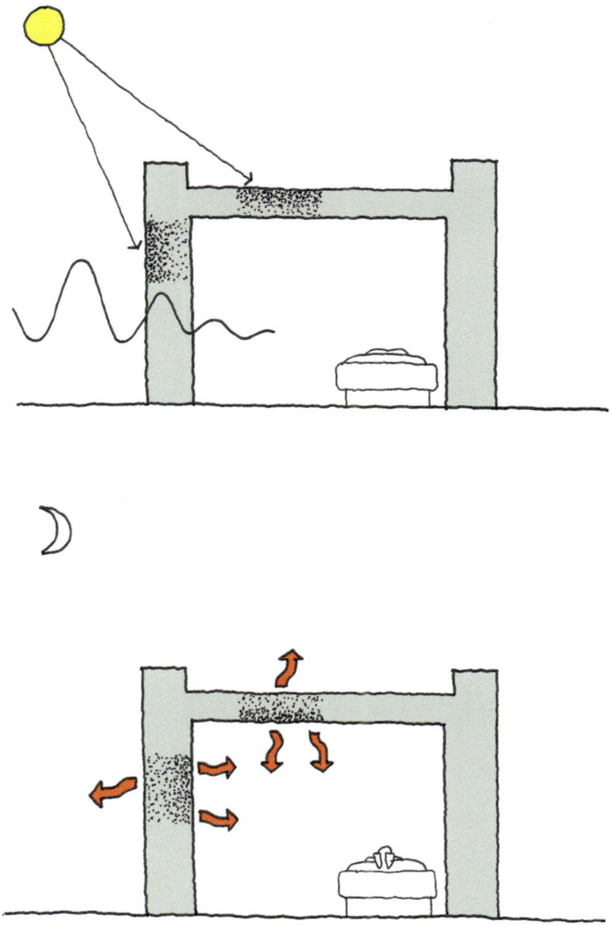

37. 경량 건축물은 빠르게 가열되고 빠르게 냉각된다

중량 건축물과 달리 경량 건축물은 실외 상태보다 단지 약간 천천히 가열되고 냉각될 뿐이다. 그러므로 경량 건축물은 반응시간이 빠르다고 할 수 있다.

원리 44, 45와 연결

RULE 37

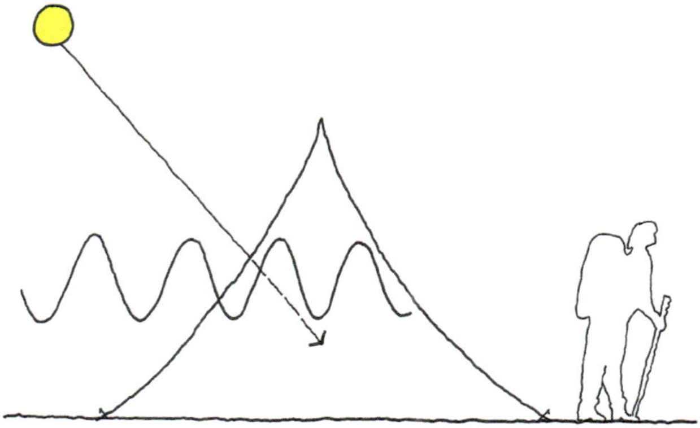

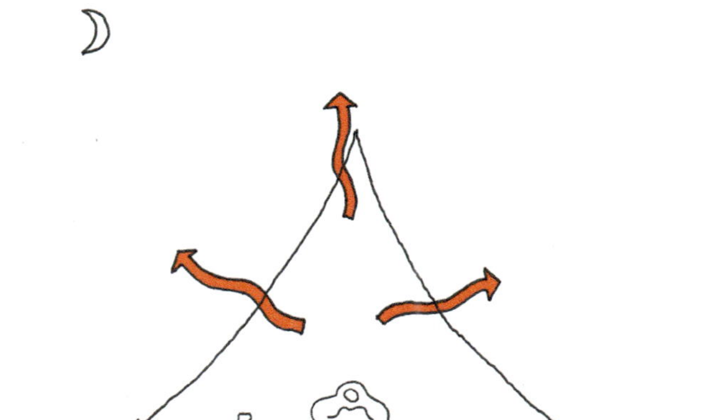

38. 축열체는 실내온도를 비교적 일정하게 유지시킨다

온대 기후에서 축열체의 주된 용도는 주간 온도차를 완화시켜 실내 환경을 안정적으로 유지시키는 것이다. 이처럼 축열체를 활용한 열적 지연 효과는 태양열과 실내에서 발생하는 열(사용자나 실내장비에 의해)을 직접 혹은 간접적으로 구조체에 저장한 다음 서늘한 야간에 열을 천천히 방출하여 식히는 방식으로 작동한다. 축열체가 열 전달을 최대한으로 늦춘다면 최고 실외온도와 최고 실내온도의 도달시점 사이에 12시간의 열적 지연이 발생할 수도 있다. 따라서 최고 실내온도 도달시점을 건물 사용자가 없는 시간대로 맞출 수 있고, 이렇게 축열체를 통해 지연된 열은 야간의 냉기를 활용하여 식힐 수도 있다.

원리 44, 46과 연결

RULE 38

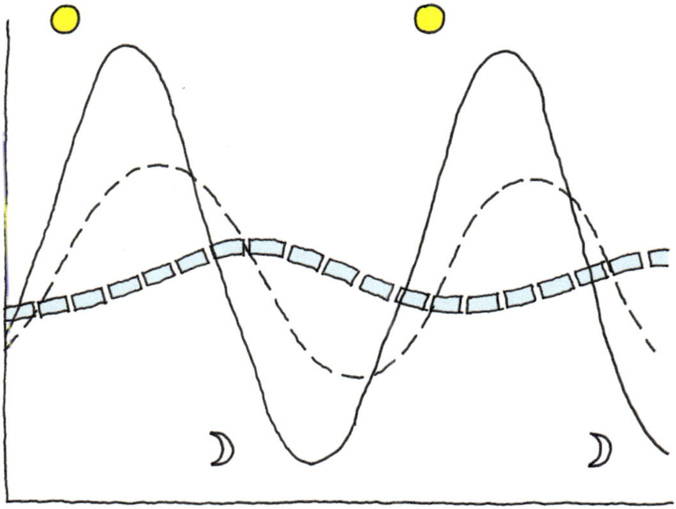

실외온도

경량 목조 건물

단열재를 사용한 중량 건물

39. 높은 축열 성능의 구조체는 야간 환기가 필요하다

축열체는 낮 시간 동안 저장된 열 방출을 스스로 제어하지 못한다. 낮 시간 동안 태양열과 실내 열원에서 발생한 열기는 야간 냉기로 환기시켜 냉각시킬 수 있다. 야간 환기를 위해서는 적절한 개구부 계획이 필요하며, 이러한 개구부는 보안과 날씨를 염두에 두고 설계해야 한다. 또한 실내공간에서의 사생활을 보호하고 실외 소음을 차단할 필요성도 고려해야 한다.

RULE 39

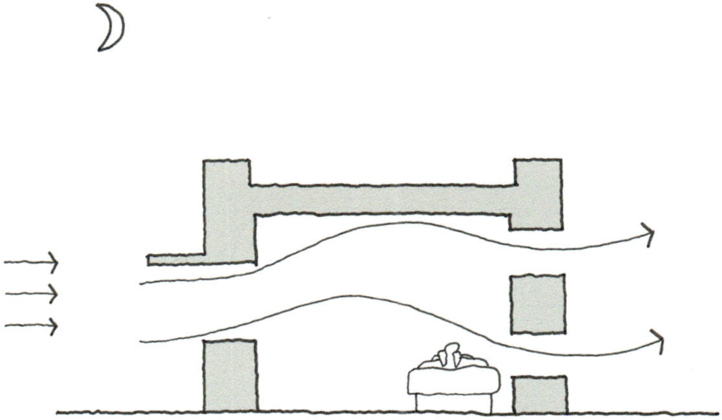

40. 축열체는 단열과 서로 상반되는 개념이다

단열 및 축열체는 서로 다른 기능을 수행한다. 단열재는 열을 잘 저장하지 못하고 열 전달을 방해한다. 즉, 단열재는 높은 내열성을 갖고 있다. 축열체는 이와 반대로 열기와 냉기를 효과적으로 저장할 수 있는 반면 그것의 흐름에 대한 저항도는 낮은 편이다. 가능한 저탄소 단열재를 사용하고, 재활용 재료와 추후 재활용이 가능한 축열 자재를 사용하자.

원리 35, 41과 연결

RULE 40

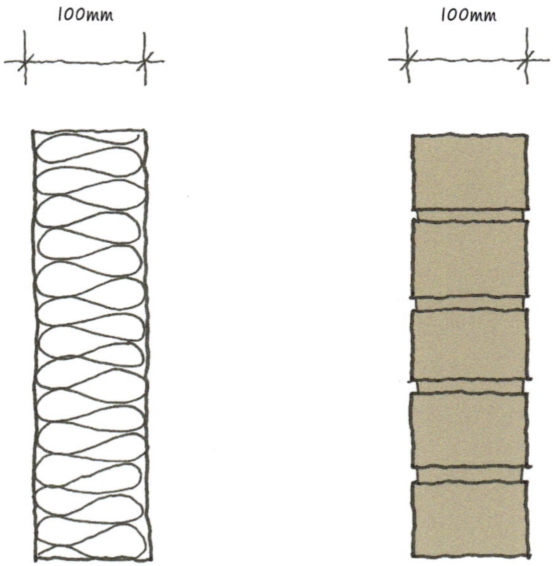

단열

벽돌 단열 용량의 30배

벽돌

단열재 축열 용량의 300배

41. 축열체와 단열재를 통합적으로 사용하라

중량 구조는 경량 구조와 정확히 동일한 단열값(또는 열관류율)을 가질 수 있지만, 중량 구조는 경량 구조에 비해 축열 성능이 훨씬 더 뛰어나다. 예를 들면 25mm의 단열재가 1m 두께의 콘크리트와 거의 동일한 단열 성능을 갖는다는 것이다. 축열체는 열을 저장하고, 단열이 잘된 외피는 열 손실을 최소화한다. 단열재와 축열체를 통합적으로 사용함으로써 낮에는 태양열을 조절하고 야간에는 환기를 한다면 일 년 내내 쾌적한 실내 환경을 유지할 수 있다.

RULE 41

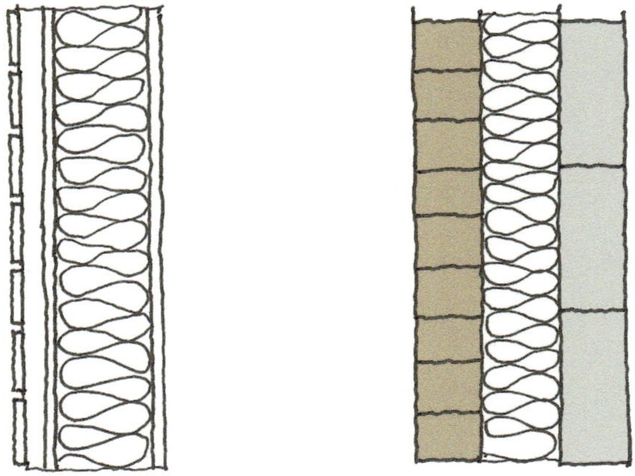

a. 경량 목재 구조　　b. 중량 벽돌 구조

경량 목재 구조와 중량 벽돌 구조는 단열 성능이 동일하지만,
중량 벽돌 구조의 축열 성능이 몇 배는 더 뛰어나다.

42. 모든 재료는 단열 및 축열 성능이 있다

서로 다른 재료의 단열 및 축열 성능은 다양한 기후 조건과 건물의 기능에 따라 사용할 건축 방식을 결정하는 데 도움을 준다. 예를 들면 흙다짐 구조의 단열 성능은 상대적으로 낮은 대신, 열을 저장하는 용량이 매우 크다. 따라서 단열재를 추가하면 두 가지 특성 모두가 향상된다.

RULE 42

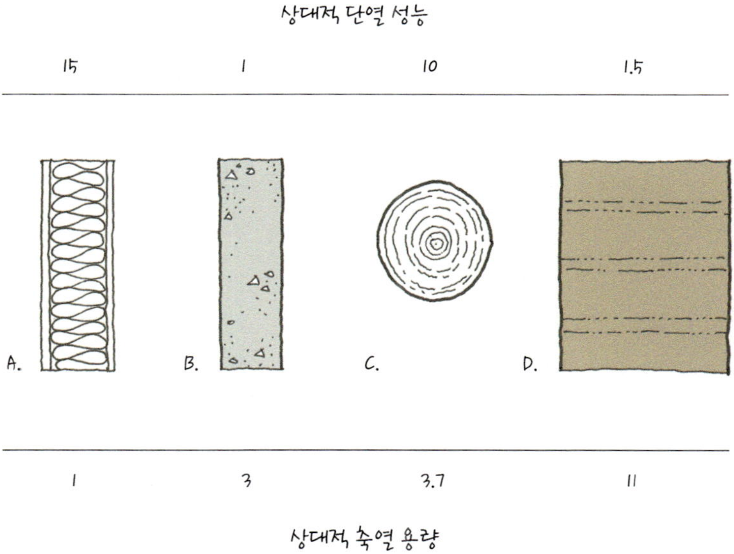

a. 150mm 목재 장식벽
b. 150mm 콘크리트
c. 300mm 직경 통나무
d. 450mm 흙다짐

43. 장소에 따라 축열체를 적절하게 사용하라

축열 및 온도를 안정적으로 유지하는 축열체는 일교차가 6℃(10.8°F) 이상인 기후 또는 서늘하거나 추운 기후대에서 사용해야 한다. 또한 축열체는 태양열과 실내에서 발생하는 열을 모두 축적할 수 있도록 노출되어야 한다. 축열 효과를 극대화하려면 축열체 바닥의 노출 면적이 햇빛이 투과되는 창 면적의 약 6배는 확보되어야 한다.

원리 39, 44, 54와 연결

RULE 43

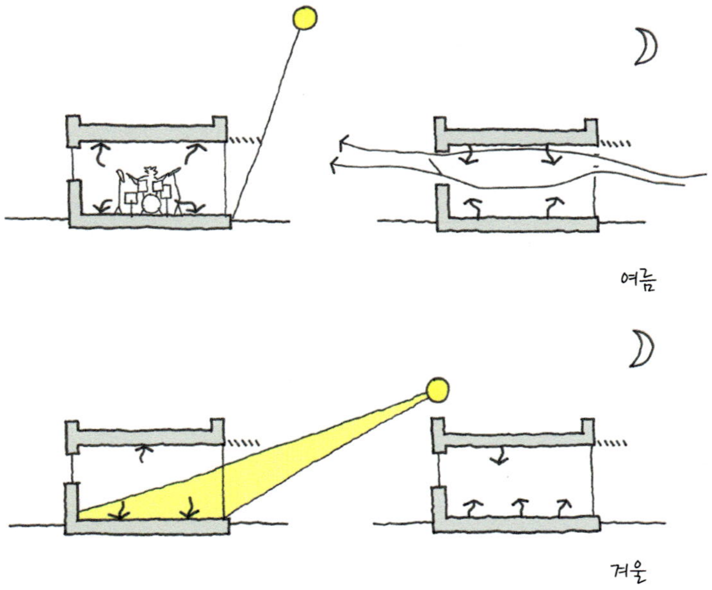

44. 중량인지 경량인지는 기후에 달려 있다

중량 축열 구조와 경량 구조 중 어느 것을 사용할지는 건물의 기능과 기후대에 달려 있다. 덥고 건조한 지역에서는 큰 일교차의 균형을 맞추기 위해 벽과 지붕에 축열체가 필요하다. 서늘하고 온화한 지역에서는 햇빛에 가장 오랫동안 노출되는 서쪽 벽면에 사용하는 것이 특히 유용하다. 겨울이 길고 추운 지역(여름이 길고 더운 지역)과 한대 기후 지역에서도 실내 축열체를 사용하는 것이 유리하다. 고온다습한 지역에는 경량 구조가 적합하다. 고온다습한 지역 외에는 일반적으로 중량 구조와 경량 구조를 복합적으로 사용한다.

원리 5와 연결

RULE 44

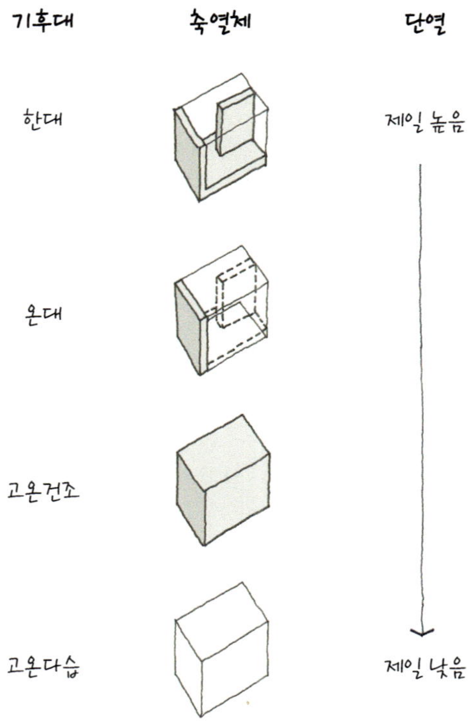

45. 경량 구조는 가끔씩 사용하는 건물에 적합하다

간헐적으로 사용하는 건물의 경우 실내온도를 빠르게 올려야 하거나 열적 쾌적 조건이 까다롭지 않기 때문에 온도 변화에 빠르게 반응하면서 단열이 잘 되는 경량구조가 적합하다.

예를 들면 다음과 같은 건물들이 있다.

- 간헐적으로 사용하는 주택
- 스포츠센터
- 시장

RULE 45

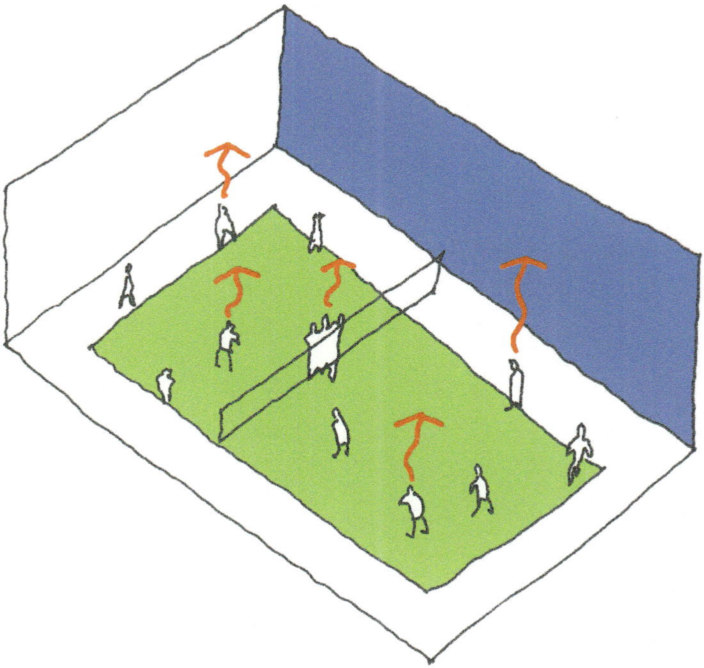

간헐적으로 사용할 때 빠르게 반응하는 건자재

46. 중량 구조는 상주하는 용도의 건물에 적합하다

지속적으로 사용하는 건물은 중량 구조가 적합한데, 왜냐하면 건물의 주야간 온도 변화가 적고 쾌적한 환경 조건에 필요한 열기가 잘 유지되기 때문이다.

- 하루 종일 거주하는 집 혹은 재택근무 공간으로 사용하는 집
- 24시간 이용하는 대학
- 병원

주택과 같이 사람이 거주하는 건축물은 낮 시간 동안 축적된 열을 냉각 환기로 제거하지 않으면, 더운 계절과 더운 지역에서는 오히려 열적 지연 현상으로 실내 쾌적성에 문제가 될 수 있음을 기억해야 한다.

RULE 46

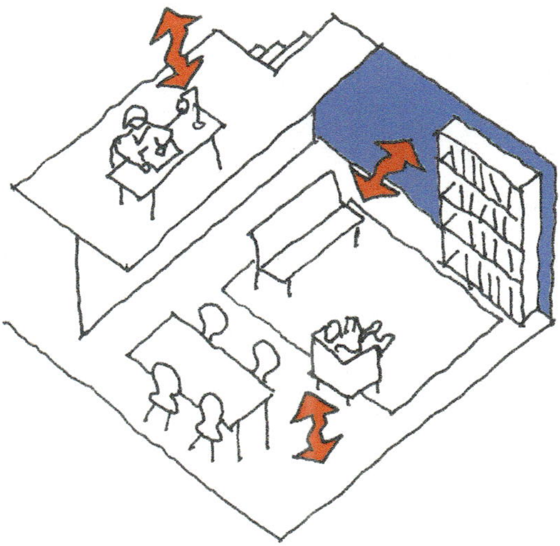

사용자의 지속적 이용을 고려해 열적 지연 효과를 극대화한 외피 구조

47. 안락함은 당신이 무엇을 입고, 무엇을 하느냐에 달려 있다

우리는 실내에서 생활할 때 불편할 정도의 추위와 더위는 피하고 싶어 한다. 열적 안락함에 대한 기대치는 사람마다 다르다. 안락한 환경을 위해서는 겨울에는 18~25℃(64.4~77°F), 여름에는 20~27℃(68~80.6°F)의 실내 온도를 유지해야 한다. 그런 다음 옷차림과 행동을 조절해 각자에게 안락한 온도 범위에 도달하게 된다.

RULE 47

48. 창호 시스템은 주의 깊게 다루어라

단열이 잘된 벽체는 고성능 이중창 단열의 무려 6배의 성능을 갖기 때문에, 창호는 건물 구조상 단열 측면에서 취약한 부분이다. 유리와 창호는 햇빛을 끌어들이거나 차단함으로써 실내 온도를 높일 수도 있고 반대로 높아지는 것을 막을 수도 있다. 이에 관련해 수많은 변수가 존재하므로 지속내수성, 저탄소 유리를 사용하도록 한다. 디자이너는 기후 특성에 따라 유리 종류를 선정하게 되는데, 제5장에 세계 각 기후대별 유리 종류를 다루었으니 참고하라.

원리 5와 연결

RULE 48

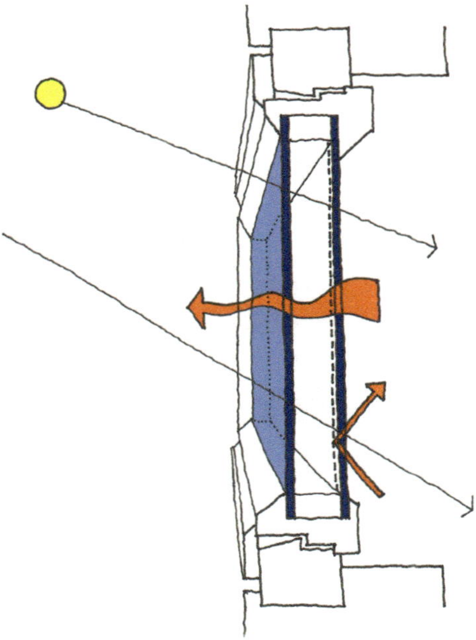

빛투과율(G-VALUE):
값이 클수록 태양에서 많은 열량을 획득할 수 있다.

열관류율(U-VALUE):
값이 낮을수록 단열 성능이 우수하다.

낮은 방사율(LOW-E):
코팅은 실내로 유입된 열을 유지해 준다.

가시광선의 투과율은 다양하다. 썬팅 유리는 적은 양의 일사량을 투과시킨다.

49. 외피가 우선이다

건물은 벽체, 지붕, 바닥으로 둘러싸인 구조를 통해 열을 획득하거나 손실한다. 단열재는 이러한 건물 외피 안팎으로의 열 흐름을 차단함으로써 쾌적한 실내 환경을 유지할 수 있다. 기본 원리는 지면 슬래브 바닥을 포함해서 단열재로 건물의 모든 면을 연속적으로 감싸는 것이며, 한대 및 온대 기후에서는 200~300mm 두께의 단열재가 필요하다. 열의 증가와 손실은 대부분 기밀성이 부족한 구조체의 접합부를 통해 외부 공기가 실내로 들어오면서 발생한다. 개보수 프로젝트의 경우 외피에 단열재를 추가하는 것을 우선적으로 고려해야 한다(온대 기후에서는 단열재를 75~100mm 추가하는 것이 비용 면에서 가장 효율적이다). 그 다음에 신재생 에너지원 적용을 고려하자.

RULE 49

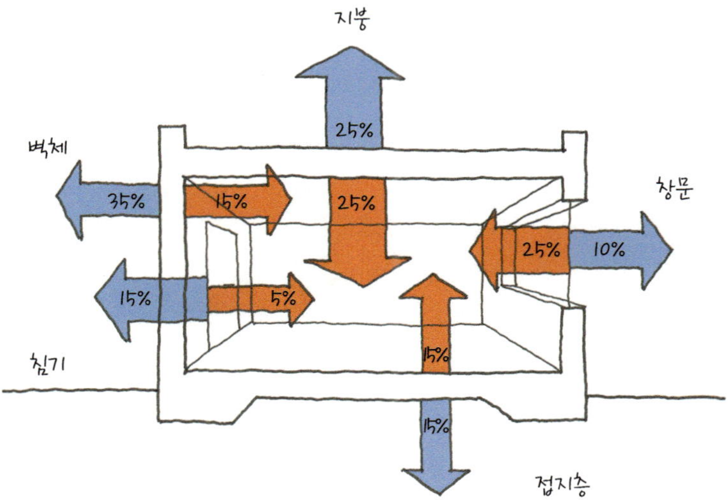

전형적인 열 손실과 열 획득(온대 기후)

50. 저에너지 개보수에 있어 의도하지 않은 결과를 피하도록 하라

원리 49에 의하면 건축물에 단열재를 사용했을 때 에너지 경비를 줄일 수 있고, 보다 쾌적한 실내환경을 만들 수 있어야 한다. 그러나 하나의 문제를 해결하고 나면 또 다른 곳에서 문제가 발생하듯이 환기와 태양열 제어에 주의를 기울이지 않으면 예상치 못한 과열 현상과 같은 부작용이 발생할 수 있다. 비슷한 예로 공기 침투를 막고 열 손실을 줄이기 위해서 건물 외피의 틈새를 막으면 공기가 제대로 순환되지 않아 습기와 결로, 그리고 곰팡이가 발생할 수 있다. 모든 측면을 함께 고려해야 건강과 삶의 질을 해치거나 건물 구조에 결함이 생기는 결과를 피할 수 있다.

원리 34, 61, 79와 연결

RULE 50

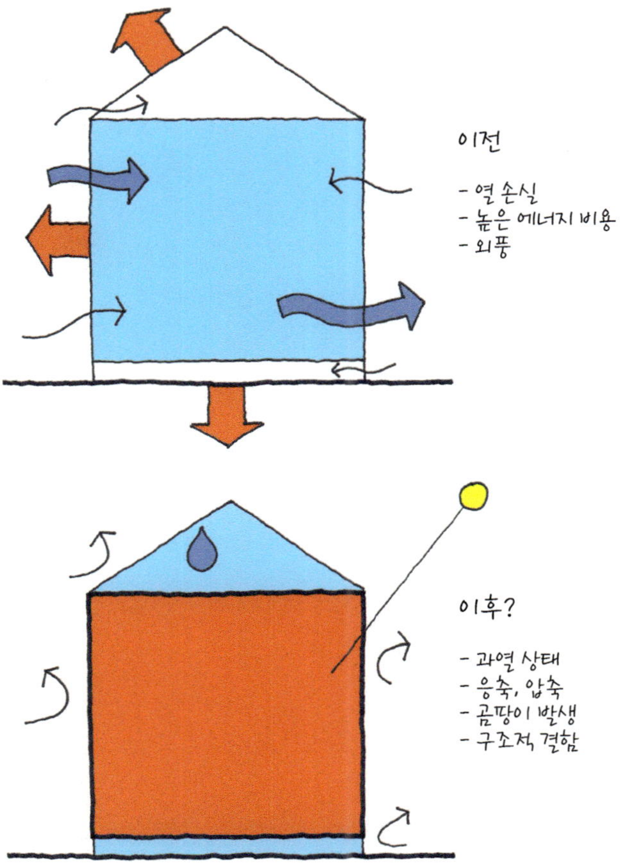

51. 옥상 녹화는 열 손실을 막아준다

열 손실을 막기 위해서는 옥상 녹화를 하라. 두꺼운 옥상 녹화(500mm 또는 그 이상의 토양 두께)는 고성능의 축열체로서 열 전달을 12시간 이상 지연시킨다. 또한 지붕을 통한 열 손실을 줄이려면 단열을 해야 한다. 얇은 옥상 녹화(토양 두께 150mm)로는 특정 식재만 심을 수 있다. 작은 나무를 심는 데는 최소 1m 깊이의 토양이 필요하다. 옥상 녹화는 생물의 다양성에 기여하고, 빗물을 모으며 편의공간도 제공한다.

RULE 51

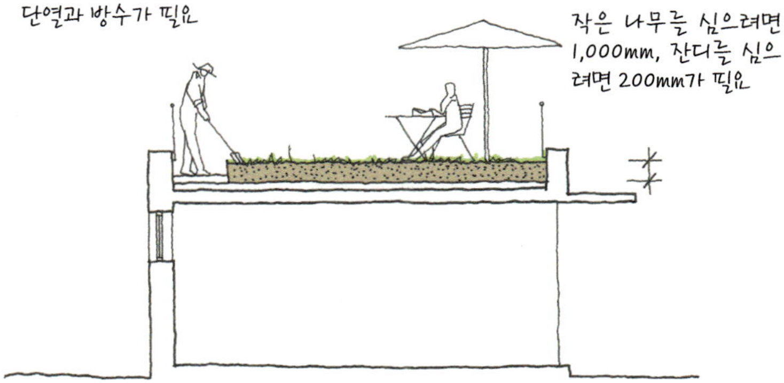

52. 단열 성능을 발휘하는 실내 덧문은 야간에도 온기를 유지한다

야간에 발생하는 열 손실을 막고자 창문에 단열용 실내 덧문을 설치하면 사용에너지를 줄일 수 있다. 덧문이 있는 경우 이중창으로도 삼중창 또는 저방사 이중창만큼의 성능을 발휘할 수 있다. 단일 창 역시 이중창 성능으로 향상시킬 수 있다.

RULE 52

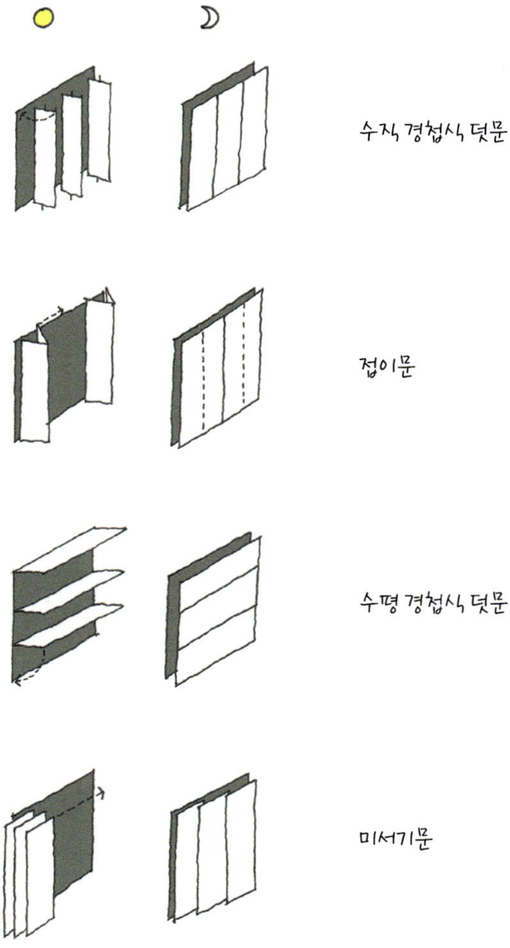

CHAPTER 4
에너지와 실내환경

- 무탄소 자연난방: 직접적인, 분리 방식의
  혹은 간접적인 태양열 획득
- 무탄소 자연냉방: 지중열, 바람, 수자원의 활용
- 무탄소 자연채광: 낮 시간 동안의 자연채광
- 색채

53. 사람은 실내에서 생활한다

사람은 일반적으로 하루시간의 90%를 건물 안에서 보낸다. 그리고 실내에서 쾌적한 상태를 유지하기 위해 주로 화석 연료에서 생성된 에너지를 사용한다. 그러나 태양은 자연적 열기, 환기, 냉각 및 강력한 빛의 근본적인 원천이면서 탄소 배출과도 무관하다. 풍부하고 무료로 획득 가능하며, 탄소 발생이 없는 에너지원인 태양을 활용하여 건강한 실내환경을 조성하라.

이번 챕터와 연결

RULE 53

54. 축열체와 직사광선을 모두 활용하라

건축 공간에서 자연난방을 사용할 때는 축열체와 함께 사용하는 것이 특히 효과적이다. 난방을 하는 계절에는 태양 빛이 건축물 안으로 들어올 수 있어야 한다. 이때 창이 남쪽으로(남반구에서는 북쪽) 30° 이내에 위치해야 가능하다. 그리고 사용자와 장비에서 발생하는 내부 열과 열 회수 시스템을 결합한다면 겨우내 자연난방이 가능하다. 따라서 추운 지역에 세운 기후 반응형 건축물은 태양을 향한 창문을 이용해 직사광을 얻고, 반대편 입면의 개구부는 최소화해야 한다.

RULE 54

55. 온실로 자연의 열기를 획득하라

유리로 둘러싸인 온실(Sunspace)을 통해 햇빛을 받아 모은 열기는 다시 실내공간으로 분배할 수 있다. 온실에서 모은 열기는 주로 대류 방식으로 실내로 전달되는데, 말하자면 온실과 실내공간 사이 단열 차단벽의 문이나 창문을 통해 전달된다. 이것을 '분리형 태양열 획득'이라고 한다. 햇볕이 잘 드는 공간은 거주 공간으로 사용할 수 있지만 여름철 차양 장치나 고성능 유리 창호 시스템을 제대로 설계하지 않는다면 온실처럼 실내온도의 변화가 커질 수 있다. 건축물 바닥면적의 약 10%를 태양을 향한 유리창으로 구성하고, 열원은 자연환기를 통해 분산시키도록 한다.

RULE 55

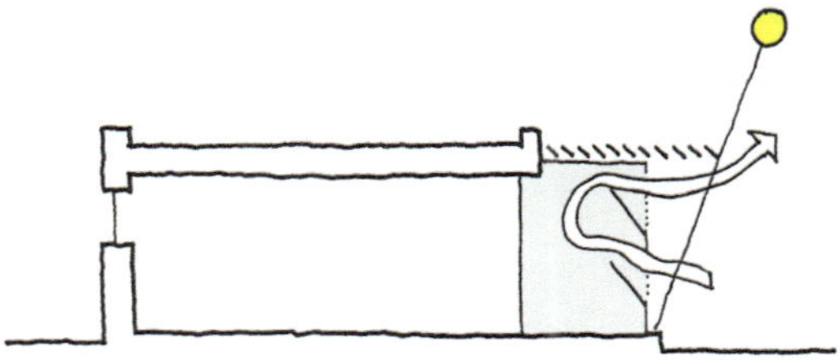

여름

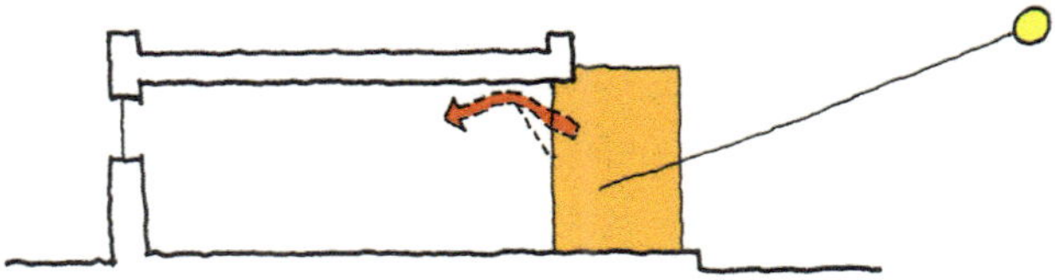

겨울

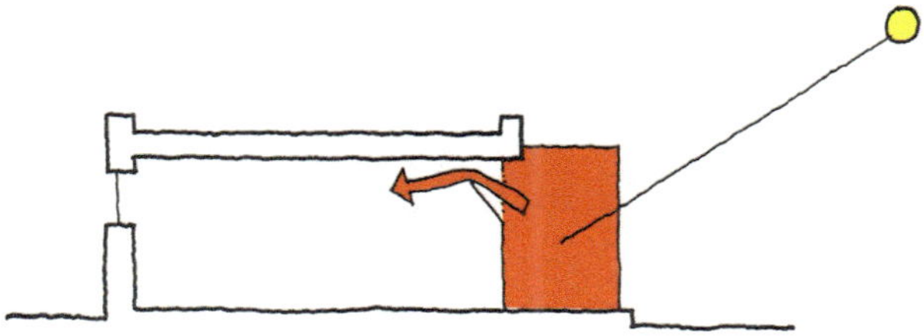

봄, 가을

56. 따뜻한 공기는 시원해지고 싶어 한다

따뜻한 공기 분자는 차가운 공기의 분자보다 더 많은 에너지를 가지고 있다. 따뜻한 공기는 상대적으로 차가운 공기 쪽으로 이동하여 균형을 이루려고 한다. 따라서 바깥 공기가 실내 공기보다 따뜻하면, 외부 공기는 보다 시원한 건물 내부로 유입될 수 있다. 반대로 밤과 같이 실외 공기가 실내보다 차가울 때는 실내의 뜨거운 공기를 바깥으로 배출하는 방열체와 같은 역할을 하게 된다. 따뜻한 공기가 항상 시원한 공간을 향해 이동하는 것처럼 건물 안에서도 동일한 열역학 현상이 일어난다. 따라서 건물은 필요한 공간에 온기를 유지하거나 이동을 촉진할 수 있도록 계획되어야 한다.

RULE 56

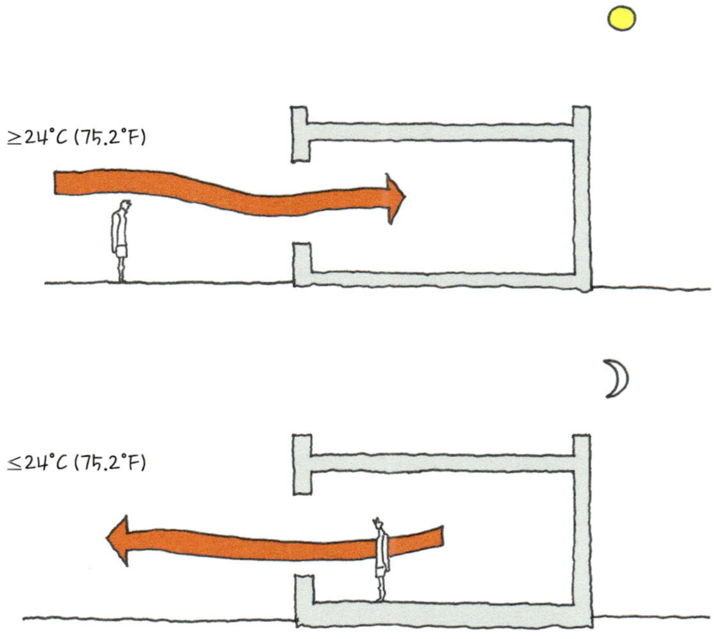

57. 트롬브 벽은 열을 자연스럽게 내부로 전달한다

트롬브 벽은 일반적으로 벽돌과 콘크리트와 같은 고 축열체로 구성되어 태양열을 간접적으로 획득하는 구조체이다. 태양을 향한 유리 면 뒤에 300~400mm 두께의 벽체를 설치하고, 열 흡수율을 높이기 위해 벽체 표면은 보통 검은색으로 덧칠한다. 이때 단열 유리를 사용하며, 야간 열 손실을 방지하기 위해 부착과 해체가 가능한 외부 덧문을 사용하기도 한다. 벽체 하단과 상단의 통풍구가 열 전도 외에도 대류를 이용하여 사용공간으로 열을 전달하게 된다. 트롬브 벽의 면적은 난방이 필요한 건물 바닥면적의 10% 정도는 되어야 하며, 디자이너는 최소한의 탄소가 함유된 벽 재료를 사용해야 한다.

RULE 57

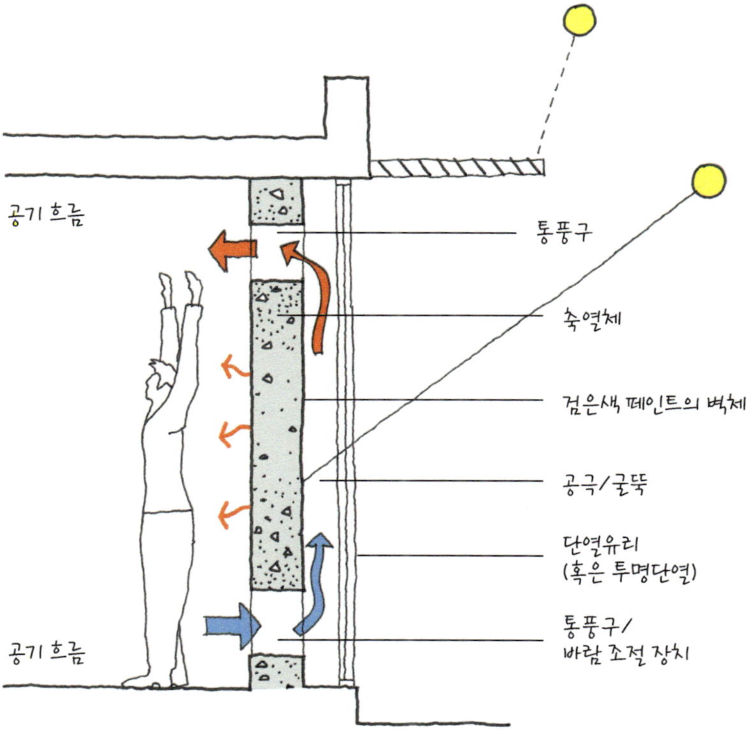

58. 물은 콘크리트보다 더 많은 열을 저장할 수 있다

실제로 물은 콘크리트보다 약 4배나 많은 열을 저장하는 수용 능력을 가지고 있다. 수벽(Water Wall)은 트롬브 벽과 유사하지만, 이 경우는 축열체가 물로 대체되는데 이것은 다양한 용기(파이프, 철, 탱크 또는 드럼, 섬유 유리 용기)에 저장될 수 있고 가열 또는 냉각 속도가 느리다. 자연환기와 적절히 통합된다면 수벽 또한 자연냉각에 활용할 수 있다. 수벽의 면적은 난방을 해야 하는 건물 바닥면적의 약 10%가 되어야 한다. 수벽에는 평방미터당 약 200L의 물을 담아야 하며, 깊이는 약 450mm여야 한다. 물보다 훨씬 가벼운 상변화물질(Phase Change Materials, PCMs)도 대안이 될 수 있다.

RULE 58

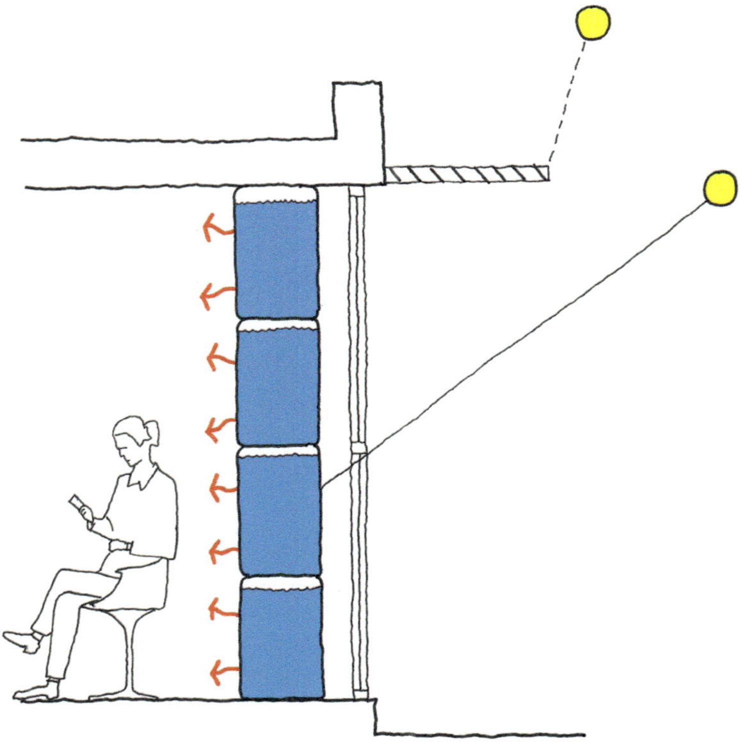

59. 옥상 연못은 자연적인 열원이다

수벽과 비슷한 원리로 작용하는 옥상 연못은 태양열을 간접적으로 축적하는 장치다. 태양열을 모아 전도 현상을 이용하여 지붕을 통해 아래 실내공간으로 서서히 열기를 방출한다. 온대 기후 지역에서는 밤 동안 옥상 연못의 열 손실을 방지하기 위해 덮개를 덮어두기도 한다. 옥상 연못 덕분에 아래 실내공간은 평균 3~4℃(5.4~7.2℉) 가까이 온도 상승 효과를 볼 수 있다.

RULE 59

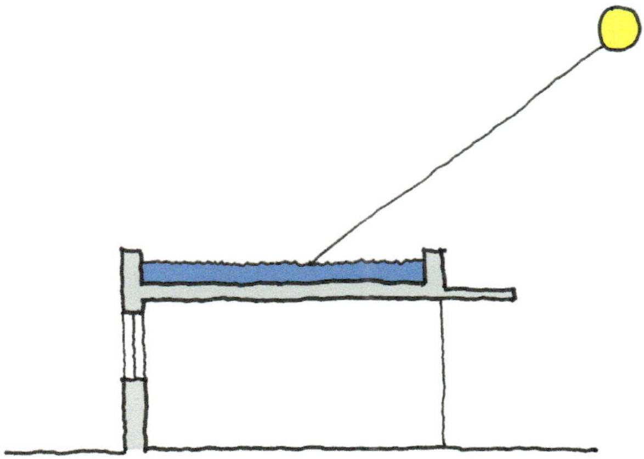

60. 대지에서 태양열을 획득하라

한대와 온대 기후에서 지면 아래에 저장된 온기는 유동성 액체로 채운 파이프 코일로 열을 교환함으로써 이용할 수 있다. 이러한 열교환 코일(흔히 '슬링키(slinlky, 얇은) 코일'이라고 지칭)은 지열을 활용한 히트펌프 장치에 연결된다. 이러한 지중열은 애초에 태양복사열에서 축적한 열원이다. 이러한 지중열을 얻기 위해 지하에 열교환 코일을 매설한 후 냉매를 흘려보내 예열하고 최종적으로 히트펌프에서 원하는 온도를 생성하여 실내 난방하게 되는데, 흔히 바닥 복사 난방 시스템과 통합된다. 지면은 겨울철에는 열원으로, 반대로 여름철에는 방열체 역할을 한다. 설계자의 경험에 따르면 일반 주택의 경우 1.8m 깊이로 매설된 직경 25mm 파이프의 얇은 코일(총 길이 200m의 파이프)이 있는 10m 길이의 트렌치 3개를 사용한다. 히트펌프는 태양에너지로 가동할 수 있다.

RULE 60

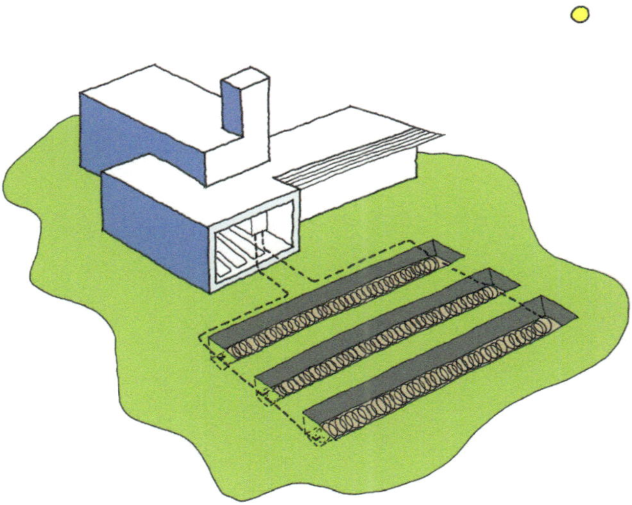

1. 태양이 지반의 온도를 높임
2. 코일의 유동성 액체로 지반에 저장된 열을 수집
3. 지열을 이용한 펌프로 유용한 온도까지 끌어올림
4. 히트펌프로 바닥 복사난방 공급

61. 유용한 열 회수 및 재사용

난방을 해야 할 계절(온대 기후의 겨울과 한대 기후)에는 부엌과 욕실 같은 공간에서 발생하는 열을 배출하지 않고 회수할 수 있으며, 그렇게 따뜻해진 공기는 외부에서 유입되는 신선한 공기와 교환되어 필요한 곳으로 재순환된다. 기밀하고 단열이 잘된 건축물은, 종종 열 회수 기계환기장치(MVHR)를 건물 전체에 적용하여 에너지 사용을 줄이고 쾌적함을 향상시킨다.

RULE 61

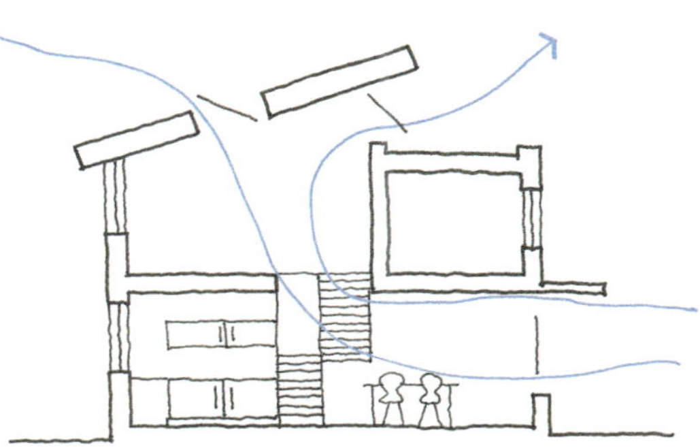

여름

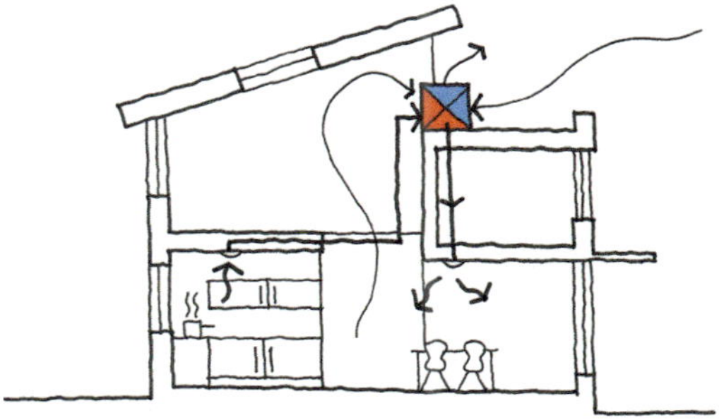

겨울

62. 겨울에 사용할 열원을 여름에 저장한다

계절 간 수축열 방식에 관한 아이디어는 겨울철 사용을 위한 열원을 여름철 몇 달 동안 모으거나 저장하는 것, 혹은 반대로 겨울철 냉기를 비축해 여름에 사용하는 것이다. 태양열을 이용하여 생성한 온수를 효율적으로 보관하려면 단열이 잘된 용기나 탱크를 활용해야 한다. 바닥 복사난방 시스템을 가동하기에 적합한 물의 온도는 30~40℃(86~104℉) 정도로 이는 재래식 난방 시스템을 가동하는 데 필요한 온도인 60~90℃(140~194℉)에 비해 훨씬 낮은 수치이다. 이 정도의 수온은 계절 간 태양열 에너지 비축 방식만으로도 충분히 공급될 수 있다. 계절 간 수축열 방식에는 지중열 혹은 암석의 열을 이용하거나 지하수를 끌어올리는 방식, 혹은 상변화물질을 활용하는 것까지 다양한 방식이 있다.

RULE 62

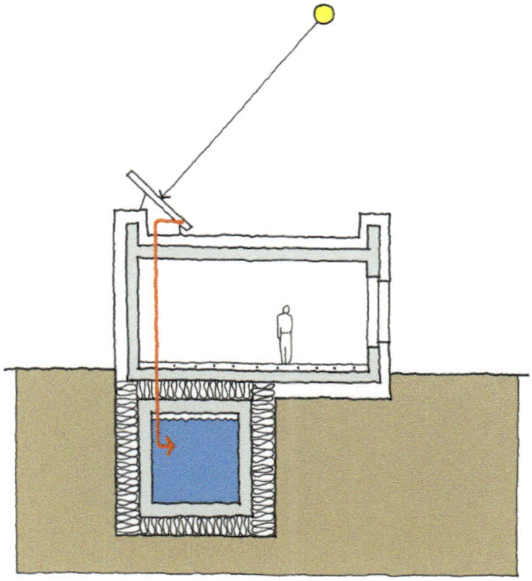

여름

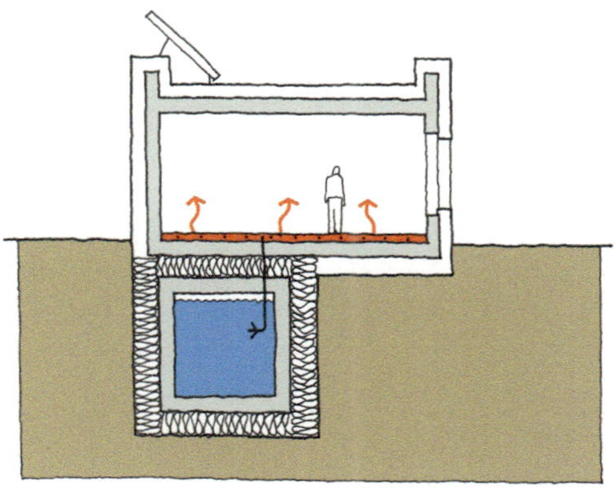

겨울

63. 자연환기에 바람을 적극 활용하라

태양열은 지구에 바람을 일으키는 작용을 한다. 우리는 열적 쾌적감을 확보하고 산소를 공급하기 위해, 그리고 악취를 없애기 위해 환기하는데, 그것은 건강에 좋은 건물을 만드는 데 주요한 요소다. 바람의 힘은 건물을 자연적으로 환기하는 데 사용할 수 있다. 이는 바람이 불어오는 쪽과 바람이 불어 나가는 쪽 사이의 압력 차이로 일어난다. 탄소를 발생시키지 않는 자연 바람을 이용해 건물을 자연적으로 환기해 보자.

원리 65, 66과 연결

RULE 63

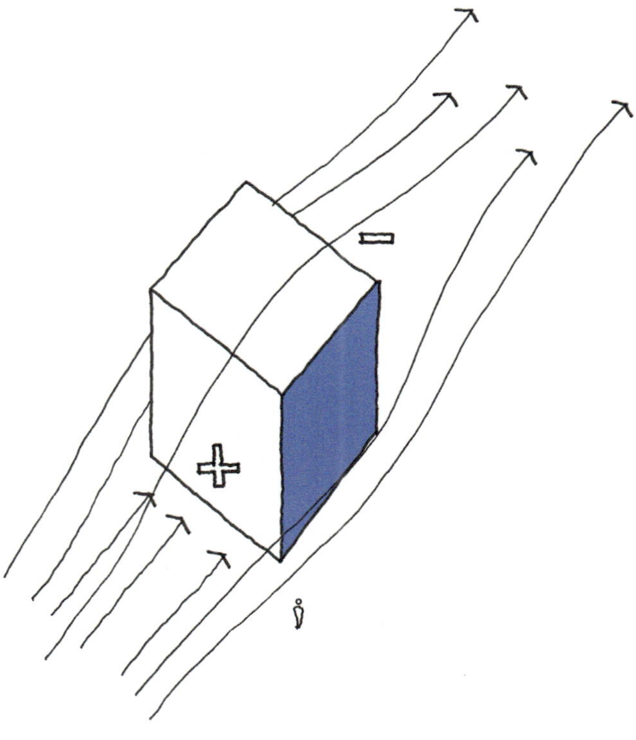

64. 따뜻한 공기가 상승하면 보다 차가운 공기가 유입된다

바람이 없을 때에도 부력에 의해 뜨거운 공기가 상승한다는 기본 원리에 따라 또 다른 형태의 환기 작용이 일어난다. 건물 외부의 차가운 공기와 실내의 따뜻한 공기 간 온도 차이로 실내 공기가 상승하는 것이다. 이러한 공기 상승으로 저층부에서는 시원하고 신선한 외부 공기가 유입됨과 동시에 상층부의 과열되고 오염된 공기가 밖으로 배출된다.

원리 67과 연결

RULE 64

65. 단일 면 환기 원리

한쪽 면만 외부로 면해 있는 공간인 경우, 단일 면 환기는 실내 깊이 최대 6m까지 가능하다. 개폐 가능한 창문은 환기와 일조 모두 조절되기 때문에 보편적으로 사용된다. 창문의 크기는 최소한 바닥면적의 5% 정도로 확보하도록 하고, 열대 기후 또는 풍속이 느린 곳에서는 이보다 큰 창문을 고려해야 한다. 시끄러운 장소에서는 거주자가 창문을 열기 힘들어 실내가 과열되거나 불편할 수 있으므로 창문의 위치나 디자인에 신중을 기해야 한다.

RULE 65

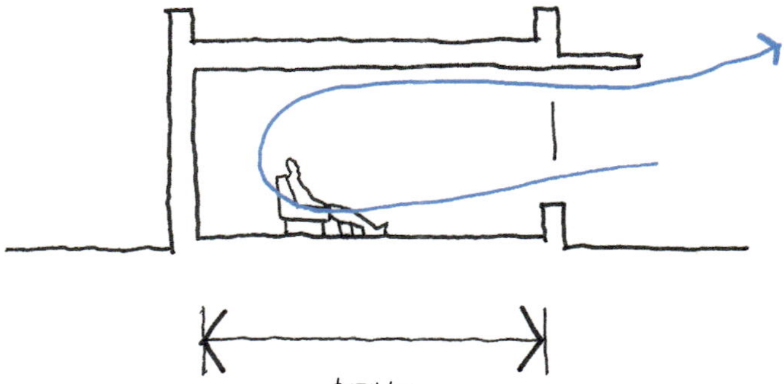

66. 맞통풍을 위한 경험적 원리

맞통풍은 건물로 불어오는 쪽과 불어 나가는 쪽 바람의 압력 차이에 달려 있다. 또한 공간의 깊이가 층고의 5배를 넘지 않는 한 잘 이루어지는데, 이때 바람이 존재해야 하며 바람의 유입구 및 배출구의 면적은 적어도 바닥면적의 5%는 확보해야 한다.

RULE 66

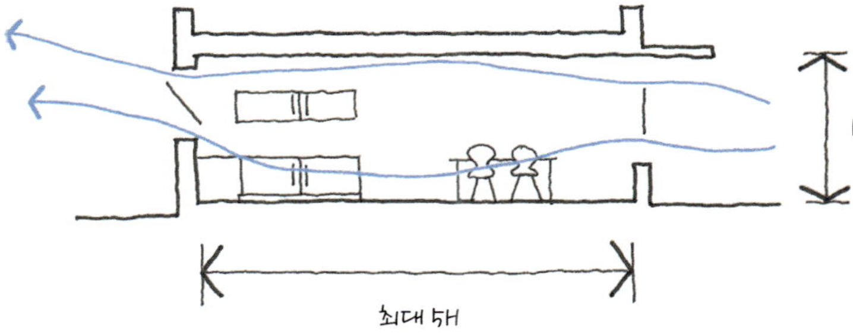

67. 연돌 환기를 위한 원리

공기의 부력에 의해 일어나는 연돌 환기(Stack Ventilation)는 내부와 외부의 온도가 약 2℃(3.6℉) 이상 차이가 날 때 이루어진다. 건물의 가장자리 또는 중앙에 위치할 수 있는 높다란 연돌이나 타워형 연돌을 통해 굴뚝 효과를 만들어 낸다. 연돌은 통풍이 가능한 마지막 층보다 한 층 더 높아야 하며, 태양을 사용하여 연돌(태양 굴뚝으로 알려진)의 온도를 상승시키면 공기가 위쪽으로 이동하게 된다. 겨울에는 연돌 상단의 따뜻한 공기에서 열을 회수할 수 있다.

원리 61과 연결

RULE 67

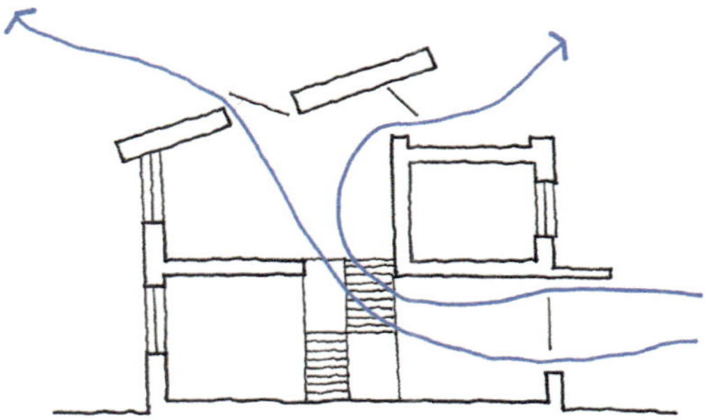

높은 천정고를 이용한 연돌 환기

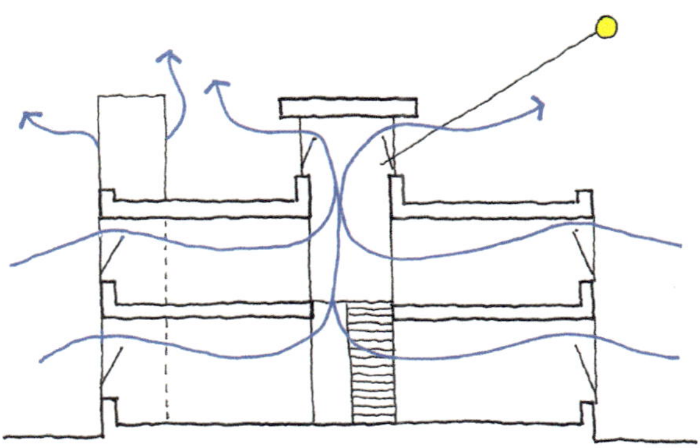

타워형 연돌 환기

68. 더운 기후에서는 건물 주변의 대지 온도를 낮춰라

건물 아래에 조성한 그늘 또는 수변 공간은 특히 건조한 지역이나 고온다습한 지역에서 자연냉방 장치로 활용할 수 있는데, 그것은 태양의 복사열을 받지 않은 대지가 외부 공기보다 상대적으로 차갑기 때문이다. 지중 냉각 파이프를 활용하면(원리 70 참조) 파이프 관을 통과하는 공기가 땅속 냉기를 전달받을 수 있다. 고온다습한 지역에서는 지중 냉각 파이프 방식과는 다르게 건물 바닥면을 지면으로부터 띄워 그 사이 공간에서 일어나는 여름철 강우의 증발냉각 현상을 통해 낮은 온도를 유지하기도 한다.

원리 70과 연결

RULE 68

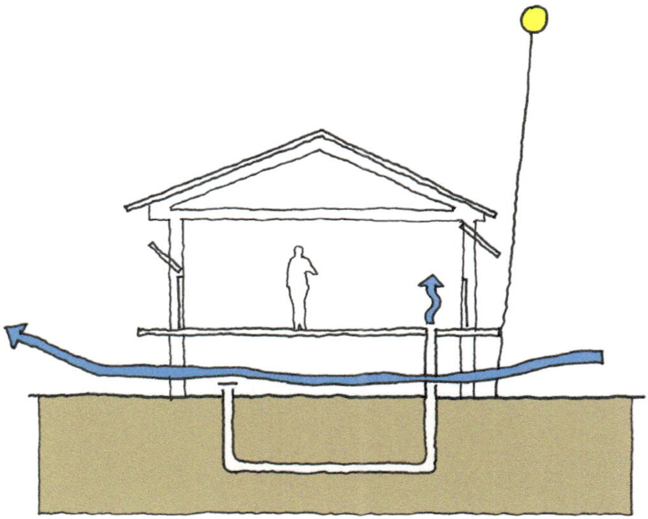

69. 차양 장치와 더불어, 옥상 연못은 건물을 시원하게 유지시켜 준다

물은 열을 효율적으로 저장하는 매개체이지만, 반대로 냉기를 저장하는 데도 효율적인 역할을 한다. 옥상 연못을 효율적으로 활용하기 위해서는 깊이가 깊지 않아야 한다(약 150~300mm 깊이). 낮에는 일사량 증가에 따른 수온 상승을 방지하기 위해 차양을 설치해야 하는데, 차양으로 그늘진 면의 물이 햇볕에 노출된 물보다 훨씬 차가운 온도를 유지할 수 있기 때문이다. 옥상 연못은 거주 공간과 분리된 지붕의 상층부에 위치하기 때문에 실내습도의 상승 없이 효과적인 증발냉각이 가능하다. 연못의 지붕은 최대 13℃(23.4℉)까지 실외온도를 낮출 수 있다고 알려져 있다. 물의 하중과 물 위의 차양 장치, 그리고 단열재의 설치 등은 창의적인 디자인으로 해결해야 할 기술적 문제들이다.

RULE 69

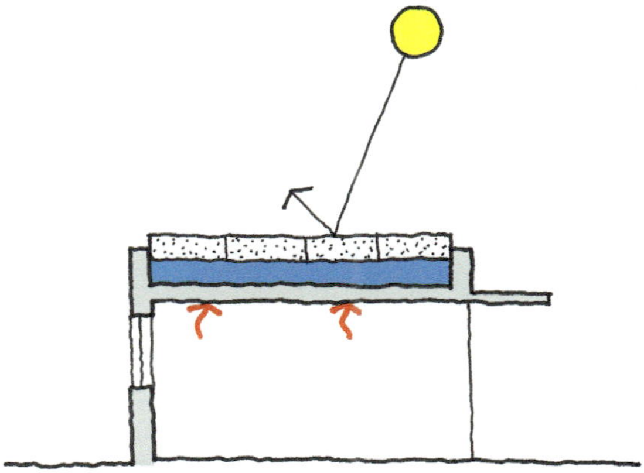

70. 대지에 의해 냉각된 공기 파이프

주로 고온건조한 지역에서 열을 식히기 위해 사용되는 지하 냉각파이프는 지면 아래의 안정적인 온도를 이용한다. 매립된 파이프 관을 통과하는 공기는 땅속 온도에 의해 냉각된다. 땅속 온도는 실내 온도보다 현저하게 낮아야 하는데, 이러한 방식은 학교와 같이 높은 환기율이 요구되는 건물 형태에 적합하다. 지하 파이프는 최소 1.8m 이상 매립해야 하며, 직경은 150~300m, 전체 길이는 40m 정도 되어야 충분한 냉각 효과를 얻을 수 있다. 태양열로 작동하는 송풍기는 접지 파이프를 통해 공기를 이동시키는 데 사용된다. 매우 효과적인 이 방식은 땅속에 굴을 파고 살아가는 검은 꼬리 프레리독이 바람을 유도해서 지중 공기를 냉각시키는 환기 방식에 착안한 것이다.

RULE 70

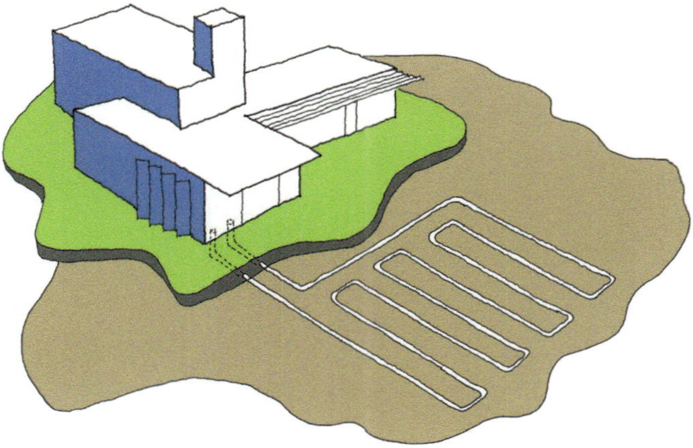

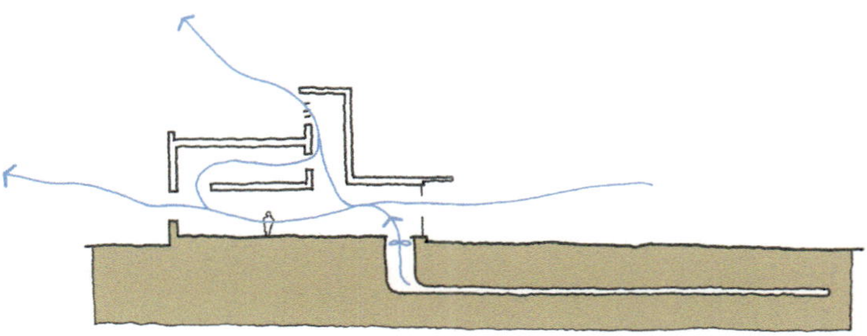

땅속 파이프를 이용하여
난방 및 냉각 환기를 하는 공기의 흐름

71. 에너지 사용을 줄이기 위해서는 자연광을 활용하라

태양은 우리가 받는 햇빛의 원천이며, 신뢰할 수 있고 풍부하면서도 무료인 천연자원이다. 독서를 할 때 100lux 수준의 조도가 필요하고, 연속적인 작업에는 300lux 수준의 조도가 필요하다. 종종 이 정도 밝기의 햇빛은 흐린 날에도 존재하며, 직사광선에서는 10만lux에 가까운 조도를 경험하게 된다. 그런데도 우리는 건축물의 인공조명을 사용하는 데 필요한 탄소 집약적인 전기에 너무 자주 의존하는 경향이 있다. 일반적인 오피스 건축물에 사용하는 에너지의 50%(및 탄소 비용의 50%)가 인공조명에서 기인한다. 열은 인공조명의 부산물이며, 이는 특히 따뜻한 계절이나 열대 기후에서는 피해야 한다. 우리는 자연광을 효율적으로 수집하고 필요한 곳에 사용하는 것을 목표로 해야 한다.

원리 72~76과 연결

RULE 71

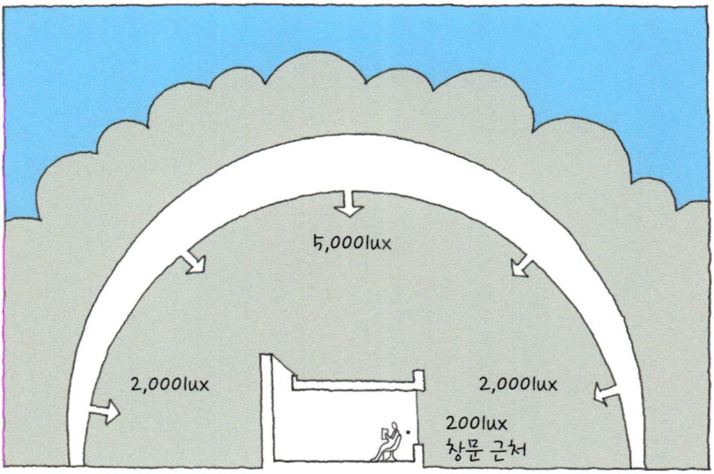

72. 건물에서 하늘을 얼마만큼이나 볼 수 있는가?

건물에 들어오는 햇빛의 양은 실내에서 '하늘을 얼마만큼 볼 수 있는가' 하는 기능과 관련된 것이기 때문에 창문의 크기와 위치는 디자인상 매우 중요한 문제이다. '하늘이 보이지 않는 스카이라인' 너머로는 햇빛과 전망에 문제가 생기고, 작업하는 면의 50% 이상이 이 선을 벗어나면 방이 어두워진다. 외부를 조망할 수 있는 채광이 좋은 공간은 에너지를 절약하고, 탄소 배출량을 줄이며 건강과 삶의 질을 유지하는 데 중요한 요소이다.

RULE 72

73. 적절한 일조량을 위해서는 적당한 크기의 창문이 필요하다

창문이 한쪽에만 있는 중소형 규모의 공간에서는 창문의 크기가 해당 벽면적의 20% 정도는 되어야 한다. 이 경우는 방의 깊이가 최대 7m 정도일 때 적용된다. 보다 깊은 공간일 때는 설치하는 창의 면적을 35%까지 늘려야 한다. 더 큰 공간에서는 천장을 통한 조도 확보가 가장 효과적이다.

RULE 73

74. 세로로 긴 창문은 자연광을 방 안 깊숙한 곳까지 도달하게 한다

방 한쪽에만 창문이 있는 측면 창의 경우 창문 높이의 최대 두 배가량의 평면 깊이까지 자연채광이 가능하다. 천정고가 높은 공간에 세로로 길게 난 창문은 내부 깊숙한 곳까지 균일하게 햇빛을 드리운다. 에너지 측면에서 효율적인 건축물은 일반적으로 평면의 깊이가 깊지 않고, 최대 12~14m이다. 이는 효과적인 자연채광과 자연환기를 위한 경험적 원리에 기반한 최대 깊이다.

RULE 74

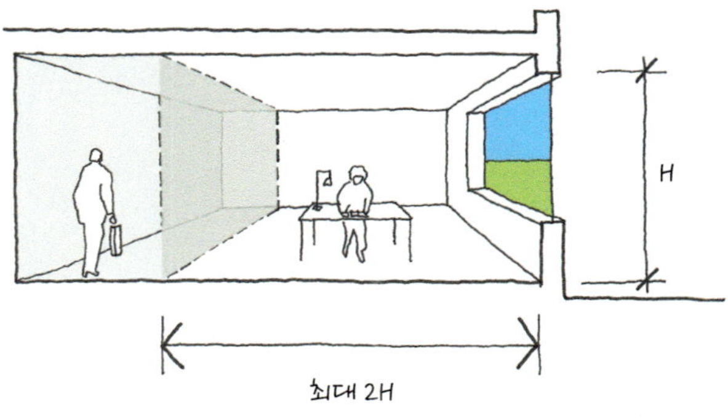

75. 햇빛은 상부가 더 풍부하다

원리 73에서의 측면 유리면적과 동일한 천창면적이 있다고 가정하면 천창을 통해 들어오는 자연광은 측면 창에 비해 2.5배 정도 많다. 천창을 통해 들어오는 자연채광은 매우 효과적이지만, 태양열은 차단해야 한다. 이러한 천창은 한대 및 온대 기후대에서는 오히려 열 손실의 원인이 될 수도 있다. 주간 자연채광을 위한 천창면적은 실내 바닥면적의 약 10~15%가 요구된다.

원리 76과 연결

RULE 75

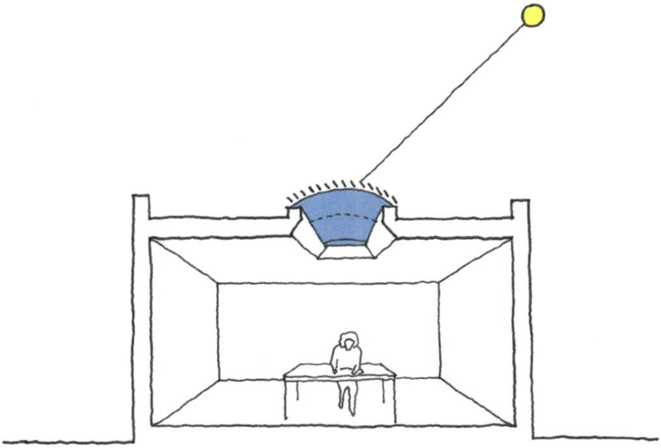

76. 대형 공간으로 햇빛을 끌어들이기 위해서는 천창을 사용하라

공간의 높이와 천창의 개수 및 창호 간격 사이에는 관계가 있다. 대형 공간은 지붕 돌출 창, 천창 혹은 톱니형 천창(북측 창) 등으로 채광 계획이 가능하다.

RULE 76

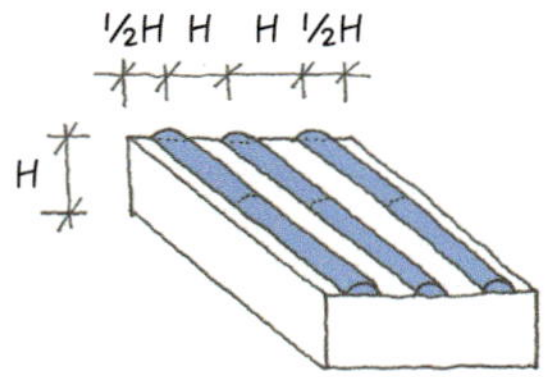

천창

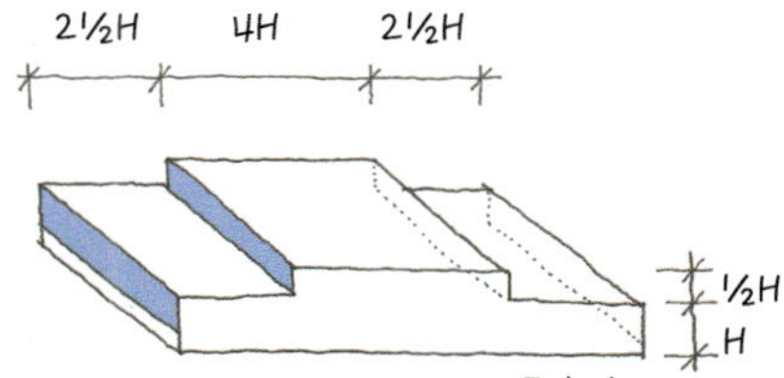

돌출 창

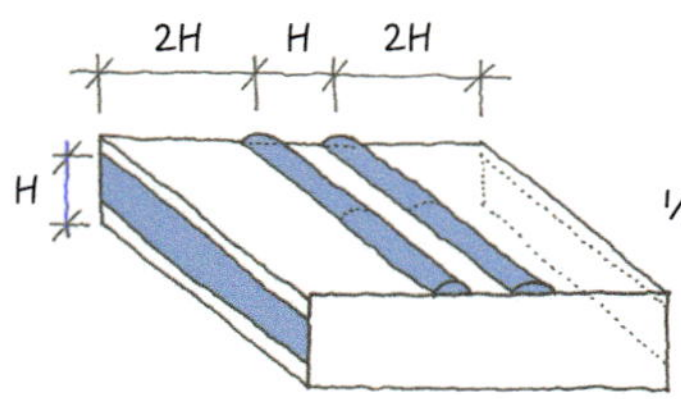

측면 창이 있는 천창

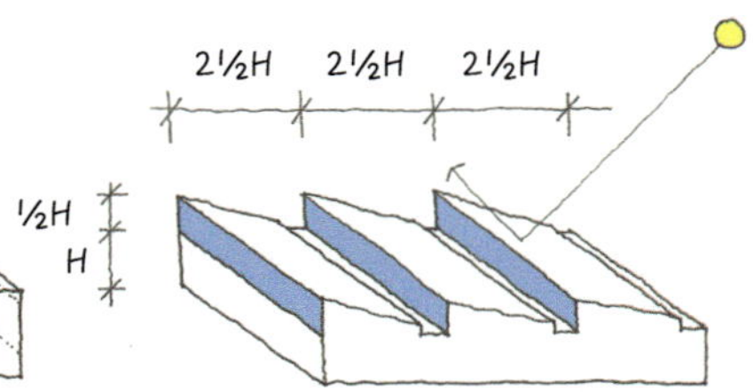

톱니형 창(혹은 북측 창)

77. 밝은 톤의 실내 인테리어에는 작은 창이 바람직하다

특히 방에서 창을 마주보는 뒷벽은 반사율 값이 높아야 하는데, 이는 흰색 페인트 마감 등으로 해결할 수 있다. 인공조명의 사용을 최소화하기 위해서는 실내 창문의 반대편 벽면이 창문에서 멀수록 벽면 마감재의 반사율이 높아져야 한다. 밝은 채광용 반사판과 밝은 톤의 옥외 바닥 마감재(예를 들어 화이트 스톤이나 라이트 스톤 색, 또는 스노 화이트)에 반사되는 반사광은, 자연광을 실내에 보다 깊숙이 끌어들이는 동시에 햇빛이 실내에 고르게 분포되도록 한다. 반대로 인테리어 마감을 어둡게 처리하면 밝은 톤의 인테리어 비해 창문 크기가 거의 두 배 가까이 커야 하며, 이렇게 창문 크기가 커지면 겨울철 열 손실과 여름철 과열 현상을 유발할 수 있다.

RULE 77

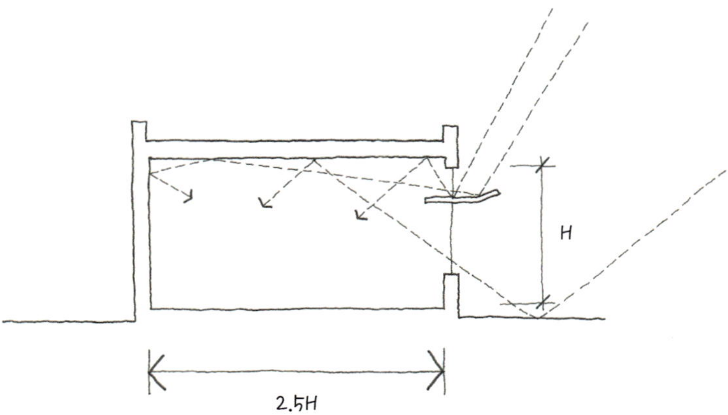

78. 건물의 외부 색상은 에너지 사용량에 영향을 미친다

벽체 혹은 지붕을 검은색으로 마감할 경우 흰색 계열의 마감보다 태양에너지를 최대 20배까지 흡수한다. 서늘하거나 추운 겨울 날씨를 보이는 기후대에서는 보다 짙고 흡수성이 뛰어난 지붕과 입면이 열 획득 측면에서 유리하다. 반면, 날씨가 온화하거나 더운 날씨의 여름에는 열을 반사하는 표면 처리가 바람직하다. 햇빛이 강한 뜨거운 사막 지역에서는 눈부심 문제를 제외하면 흰색 건물이 유리하다. 위도에 상관없이 여름에는 건물의 지붕면이 다른 표면보다 더욱 많은 태양복사열을 받게 되는데, 흰색 지붕은 일반적으로 공기보다 낮은 온도로 유지된다.

RULE 78

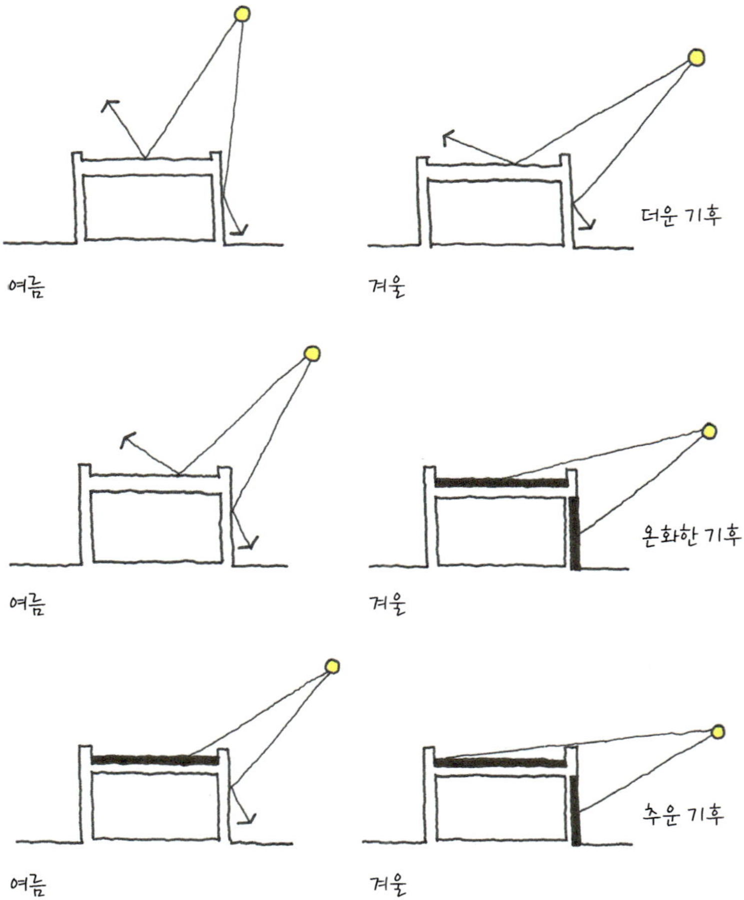

79. 단순함을 유지하라

건물 사용자는 복잡한 제어 장치와 시스템을 무시하거나 소홀하게 여기는 경향이 있다. 그렇게 시간이 흐르다 보면 건물이 어떻게 작동되는지 잊어버리고 말 것이다. 자신이 생활하는 환경을 조절할 수 있다면 더욱 더 쾌적한 환경을 만들 수 있다. 따라서 저에너지 건축물은 튼튼해야 하고, 파악하기 쉬워야 하며 동시에 단순해야 한다.

RULE 79

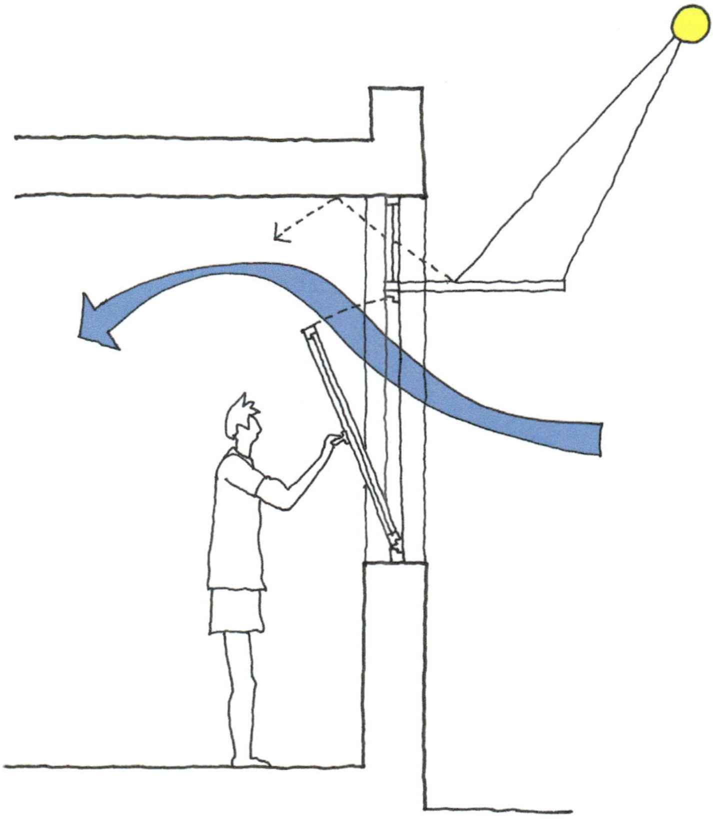

80. 명확한 지침을 제공하라

건물 사용자는 건물이 어떻게 작동하는지를 알아야 한다. 그래서 시간이 지나도 자신의 생활환경을 관리하는 방법을 잊지 않도록 해야 하며, 계절에 따라 건물이 밤낮으로 어떻게 작동하는지에 관한 운영 매뉴얼을 규정해야 한다.

RULE 80

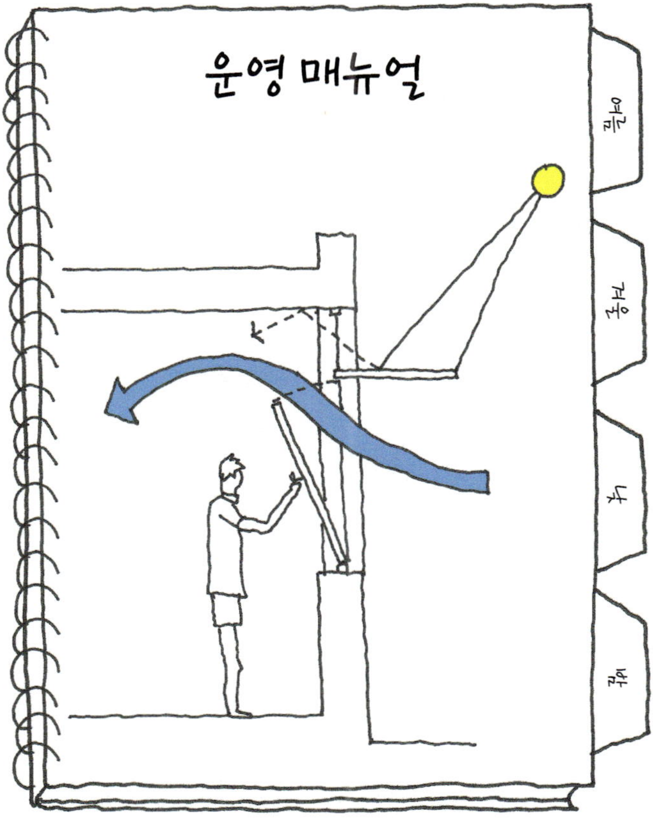

CHAPTER 5
기후 지역에 따른 원리와 전략

- 고온건조한 기후
- 고온다습한 기후
- 한대 기후
- 추운 겨울, 더운 여름 기후
- 온대 기후

81. 기후에 적합한 디자인을 하라

기본적으로 추운 기후대에서는 단열로 열기를 유지하는 것을 목표로 해야 하며, 더운 기후대에서는 음영과 밝은 색상으로 햇볕을 피하고 적절히 환기하는 것을 목표로 삼는다. 다음 페이지에서는 다양한 기후대에 경험적 원리를 적용하는 전략을 가상의 건물을 그려 설명하고자 한다. 보다 온화한 기후에 적용하는 원리는 기후 변화에 따라 보다 한랭한 기후대에도 적용될 수 있음을 기억하라.

RULE 81

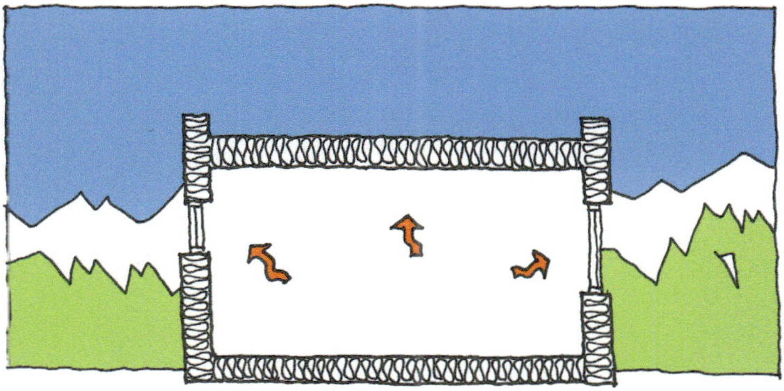

고온건조한 기후에 관한 원리

82. 핵심은 축열체와 차양 장치를 이용해 여름철 실내 가열 속도를 늦추는 것이다.

83. 여름철 야간에는 윈드 타워나 맞통풍을 활용해 낮 동안 쌓인 열을 신속히 냉각시켜야 한다.

84. 여름철에는 가능하다면 물을 이용하여 자연냉각을 하라.

85. 겨울철 자연난방을 위해서는 햇빛을 확보하기 위한 방향 설정 및 개구부 계획이 중요하다.

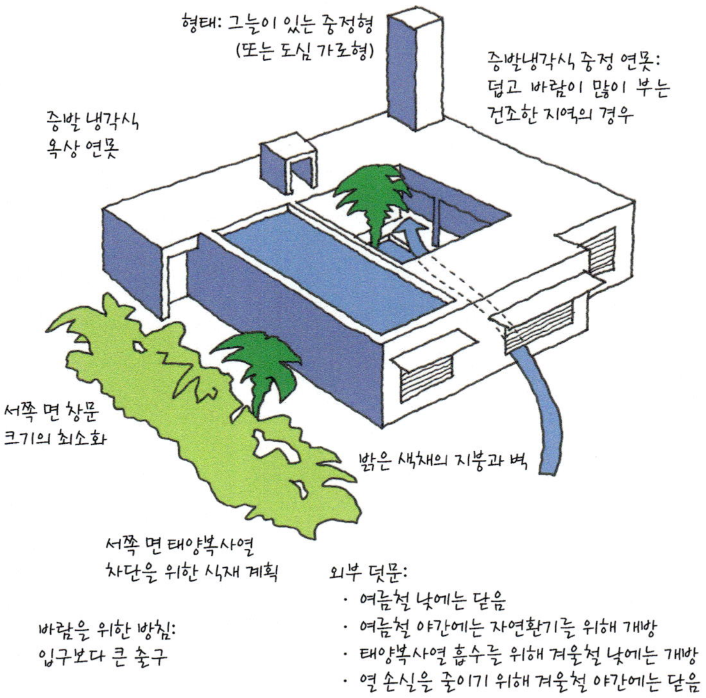

RULE 82 to 85

구조: 공기 유입을 최소화하는 단열 구조의 고성능 축열체

여름철 태양복사열 차단

윈드 타워를 통해 유입된 바람은 하나의 방 혹은 여러 방에 냉각 효과를 줌

겨울철 직사광을 확보하면서, 야간 열 손실을 막기 위한 단열형 덧문

자연환기를 위한 개방형 디자인

환풍기를 통한 야간 통풍

윈드 타워

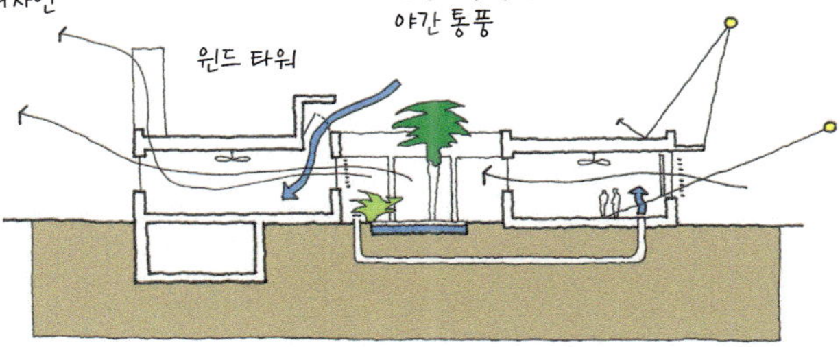

지층 냉각 파이프(필요할 경우 겨울철 난방을 위한)
지하층 역시 지층 냉각 방식을 이용

바닥면적 대비 유리면적 비율 = 6~10%

유리와 창문의 특징:

- 매우 낮은 일사투과율
- 로이유리(2개의 면)
- 낮은 열관류율
- 차양 필수

고온다습한 기후에 관한 원리

86. 가장 중요한 것은 환기이다. 즉, 환기는 주야간 모두에 효과적이어야 한다.

87. 차양을 이용해 건물 외피가 받는 태양열을 줄인다.

88. 큰 개구부와 맞통풍으로 저녁 시간대의 냉각 효율을 극대화한다.

89. 그늘진 지면, 증발 냉각 및 바람을 활용해 자연냉각을 유도한다.

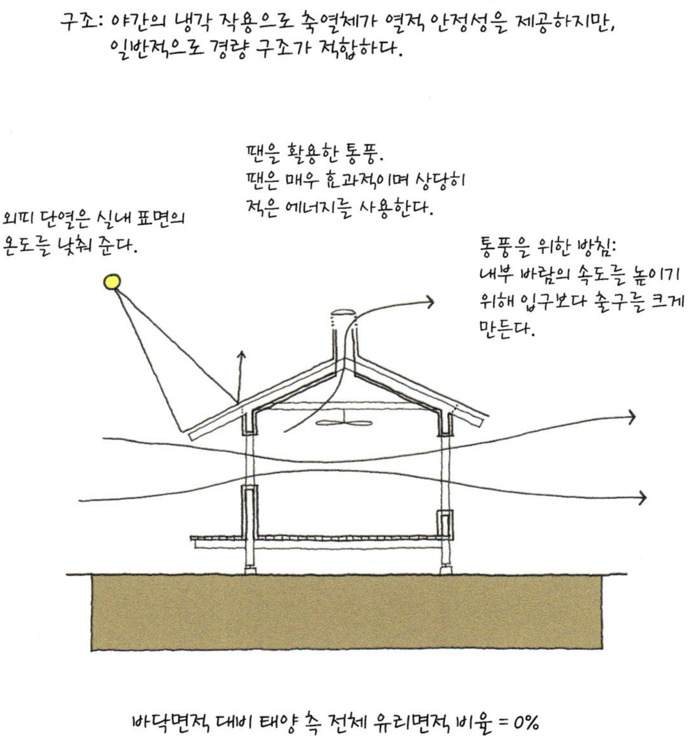

RULE 86 to 89

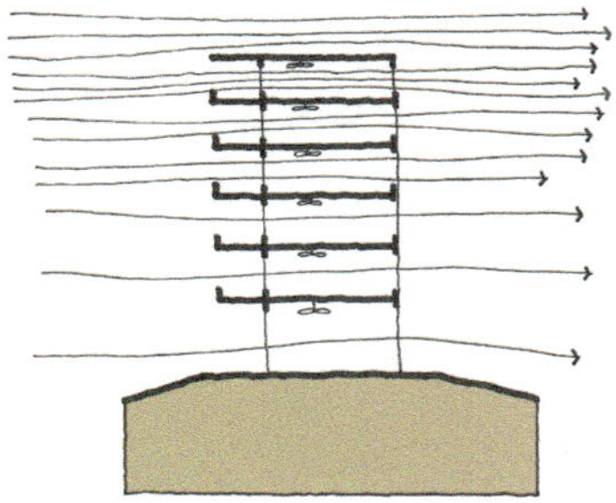

고층 건물은 지면 부근보다
높은 풍속을 활용할 수 있다.

유리와 창문의 특징
· 매우 낮은 일사투과율
· 로이유리(2개의 면)
· 낮은 열관류율
· 차양 필수

바람으로 일으키는 활발한 통풍은
이중 구조체 겹지붕과도 연계될 수 있다.

형태: 맞통풍에 유리한 폭이 좁은 평면형.
대안으로 냉방률을 높여 줄 넓은 표면적을
확보한 개방형 계획도 있다.

건자재 열 흡수를 줄이고
일사를 반사하는 밝은 채색

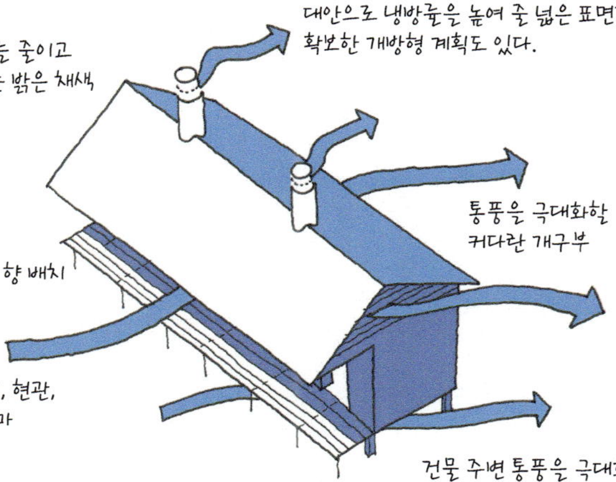

통풍을 극대화할
커다란 개구부

풍향과 최대한의
햇빛 차양을 위한 향 배치

차양 장치: 발코니, 현관,
차양막과 지붕 처마

건물 주변 통풍을 극대화하기
위해 바람막이는 피한다.

시원한 지반과 건물 바닥의 통풍에 의한
냉각을 위해(또한 홍수에 대비하기 위해)
지주 위에 올린 건물

한대 기후를 위한 원리

90. 목표는 완충 공간과 충분한 단열재 및 기밀성을 확보하여, 난방에 필요한 에너지량을 줄이는 것이다.

91. 태양열을 이용하여 자연난방을 한다.

92. 여름철에는 환기를 한다.

93. 축열체를 이용한 고성능 단열 구조에서는 과열을 방지하기 위해 원활한 통풍과 야간 냉각이 필요하다.

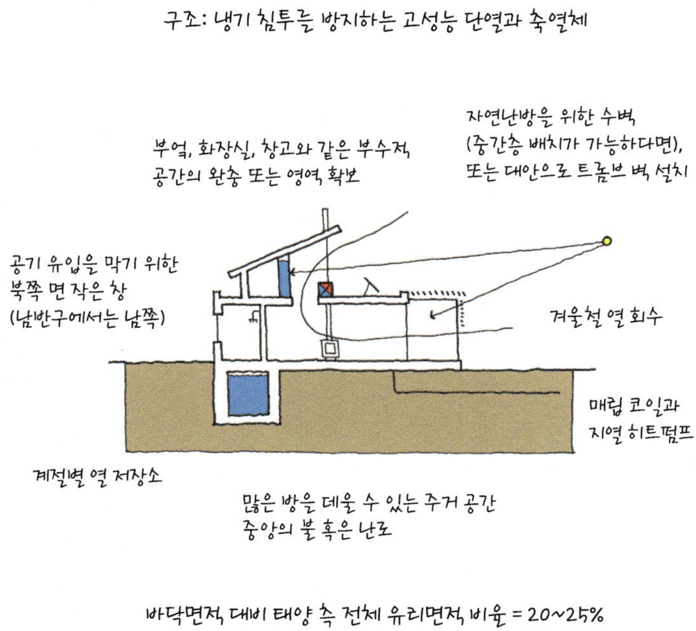

RULE 90 to 93

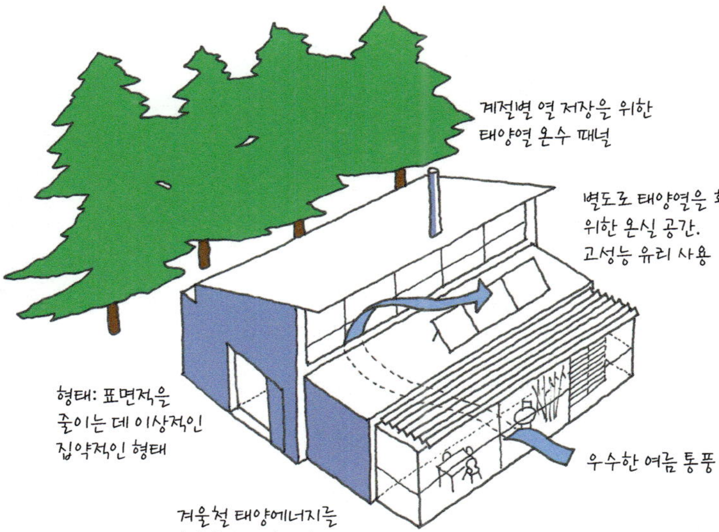

유리와 창문의 특성:

- 매우 높은 일사투과율
- 로이유리(surface 3, 3중 유리라면 surface 5)
- 매우 낮은 열관류율

추운 겨울과 더운 여름 기후를 위한 원리

94. 목표는 완충 공간과 적절한 단열재 및 기밀성을 확보하여 난방에 필요한 에너지량을 줄이는 것이다.

95. 태양과 바람을 이용하여 자연난방과 자연냉각을 하도록 한다.

96. 여름철에는 야간 환기를 비롯해 효과적인 환기를 하도록 한다.

97. 겨울철 방풍 시설로 여름철 바람이 방해 받지 않도록 한다.

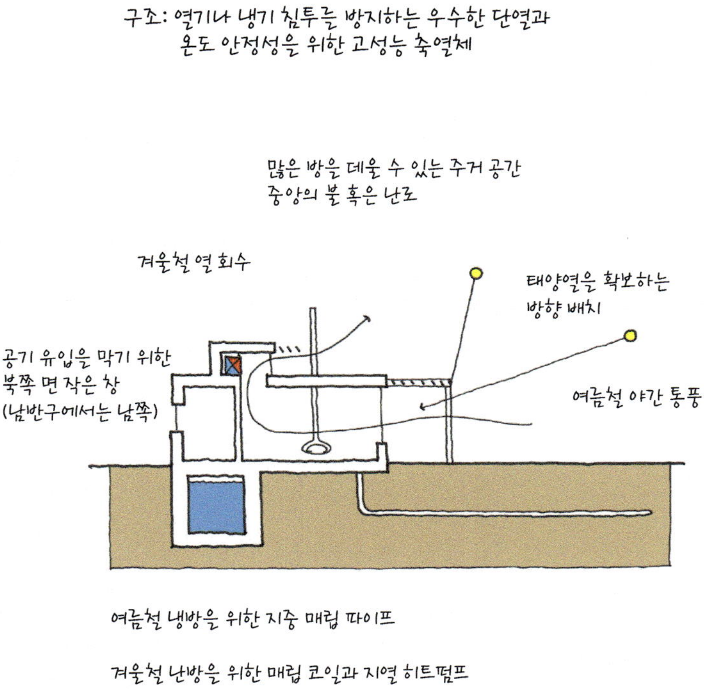

RULE 94 to 97

조경 및 식재: 여름철 지반 차양, 겨울철 방풍림

형태: 겨울철에는 표면적을 줄일 수 있는 집약적 사용 계획, 여름철에는 표면적을 늘리기 위한 개방적 사용 계획. 공간 구조를 변경할 수 있는 형태가 가장 이상적

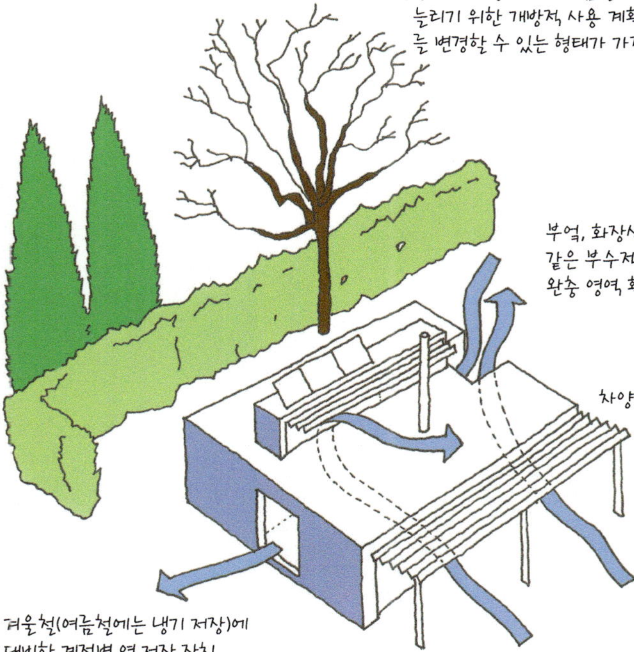

부엌, 화장실, 창고와 같은 부수적 공간의 완충 영역 확보

차양 장치

겨울철(여름철에는 냉기 저장)에 대비한 계절별 열 저장 장치

유리와 창문의 특징:

- 높은 일사투과율(여름철 차양 장치는 필수)
- 로이유리(3중 유리일 경우 surface 3 [판유리(1)+판유리(1)+판유리(1)] 혹은 surface 5 [복층 유리(2)+판유리(1)+복층 유리(2)])
- 매우 낮은 열관류율

바닥면적 대비 태양 측 전체 유리면적 비율 = 15~20%

온대 기후를 위한 원리

98. 목표는 겨울철 열 손실을 줄이는 단열과 완충 공간을 활용하여 난방에 필요한 에너지를 줄이는 것이다.

99. 축열체와 야간 환기를 이용해 여름철 과열 현상을 방지하고, 필요에 따라 차양 장치를 활용한다.

100. 겨울철에는 자연난방 방식을 사용한다.

101. 반드시 외풍을 줄여야 한다: 기밀성이 확보된 출입구와 방풍실을 활용한다.

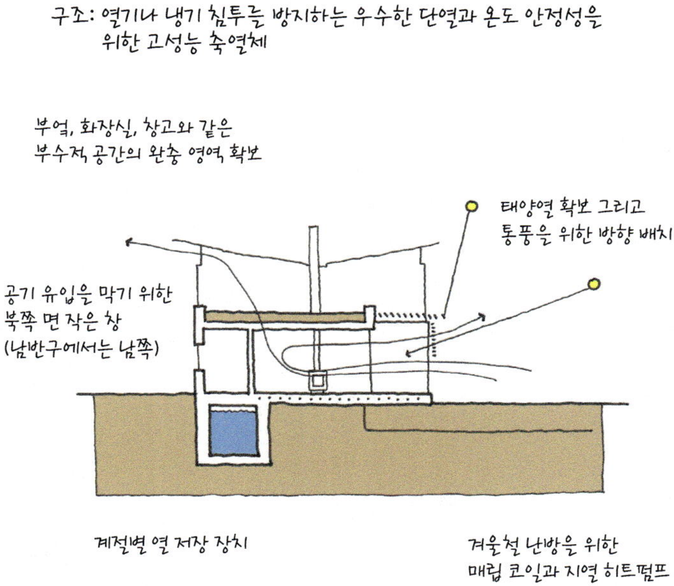

RULE 98 to 101

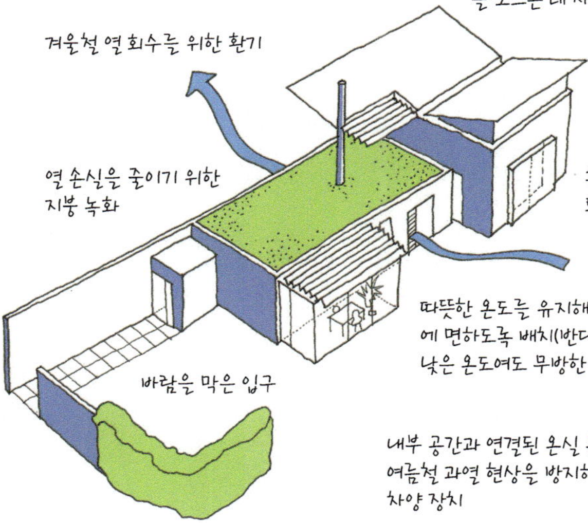

유리와 창문의 특성:

- 높은 일사투과율(여름철 차양 장치는 필수)
- 로이유리(surface 3)
- 낮은 열관류율

바닥면적 대비 태양 측 전체 유리면적 비율 = 10~15%

참고 문헌 설명

경험적 원리는 필자가 30년 넘게 학습 및 교육, 건축 실무, 연구, 여행, 관찰, 독서, 말하기, 듣기, 생각하기 등을 통해 얻은 결과물이다. 그러나 모든 경험적 원리가 그 배경에 학문적 탐구나 연구 혹은 그것을 정의하는 체계가 있는 것은 아니다. 다음의 참고 사항은 그 원리에 대한 배경 지식 또는 자세한 정보를 찾고 싶거나 알고 싶어 하는 독자들에게 도움이 될 것이다.

열적 쾌적성에 대한 소고

열적 쾌적성이라는 주제로 많은 글이 쓰여졌고, 이 주제의 정의에 관한 다양한 모델이 존재한다. 문제는 온도, 습도, 실내 기류 속도, 착의량, 체형, 성별, 행위 수준 등을 포함한 많은 요소가 인간의 안락에 영향을 미친다는 점이다. 즉, 기존의 정적 모델은 외부 기후의 변화에도 불구하고 안락감을 위한 실내 조건이 절대적이라고 가정하는 반면, 적응형 모델은 외부 조건의 변화에 따른 실내환경 변화에 거주자가 적극적으로 적응할 가능성을 고려한 것이다.

서술된 내용의 대부분은 건축물의 성능에 관해 순전히 기술적으로 또는 과학적으로 연구한 결과물로서 과학자가 아닌 일반인이 이해하기 쉽지 않다. 그러나 이러한 내용 역시 인간의 감정에 관한 것으로 안락한 실내환경이 만들어 내는 건강과 웰빙에 관한 것이다. 인류는 현대인이 안락감의 성능을 모델링하고 예측하기 훨씬 전에 이미 안락한 환경을 구축하는 방법을 찾아냈다.

안락감이란 상대적이며 다양한 기후대에 거주하는 각양각색의 사람들에 따라 다르게 인식될 수 있다. 나의 스승들은 '편안한 영역(Comfort Zone)' 대신 '불편함이 없는 영역(Zone of Lack of Discomfort)'이라는 용어를 사용했던 것으로 기억하는데, 그 이유는 대부분의 사람이 불편함을 느끼지 않는 조건을 설명하는 것이 목적이었기 때문이다, 열적 범주를 다양화하는 것은 다양한 건물 유형을 위해서도 적절하다. 예를 들면 우리는 체육관이 도서관과 같이 느껴지기를 기대하지는 않는다. 바룩 지보니는 『Climate Considerations in Building and Urban Design』(1998)에서 인간이 환경에 적응할 수 있도록 하는 생리학을 언급하면서, 기후대에 따라 서로 다른 편안함의 기준을 설정해야 한다는 의견을 제시한다. 이것이 경험적 원리에서 취하는 입장이다.

참고 자료에 대한 설명

정보가 넘치는 세상에서 어떤 내용을 참고해야 하고, 또 어떤 내용을 제외할지 결정하는 것 또한 저자의 능력이다. 필자의 접근 방식을 간단히 설명하자면 다음과 같다.

패시브 디자인의 원리는 옛 로마시대까지 거슬러 올라가지만, 건축과학의 주제로서 오늘날 우리가 알고 있는 열적 쾌적감에 관한 과학적 지식과 공식적 연구는 20세기 초반에 와서야 시작되었다. 초기 몇몇 저자들은 이러한 분야에서 타의 추종을 불허하는 탁월한 개념을 제시하였다. 예를 들면 건축가이자 연구자로 1960년대에 '생물기후 디자인(Bioclimatic Design)'이라는 용어를 만든 빅토르 올게이(Victor Olgyay)와 1990년대에 기후 반응성(Climate-responsiveness)에 관한 정량적인 실험 실습 이론을 제시한 바룩 지보니 등이 있다. 이러한 개념은 2020년대까지 여전히 전 세계 학술연구에 인용되고 있다. 따라서 해당 주제를 다룬 21세기 책에서도 이런 획기적인 연구를 참고할 것이다.

경험적 원리는 전 세계적으로 적용되지만, 특정 지역을 대상으로 진행된 일부 연구에 좌우되기도 한다. 예를 들면 남반구 중심의 남아메리카에 관한 요한 반 렌젠(Johan van Lengen)의 『The Barefoot Architect』(2008)라는 연구가 바로 그것이다. 태양기하학에 관한 상당히 뛰어난 지적 재구성으로 완성된 이 책의 원리는 유사한 기후를 가진 다른 장소에도 적용될 수 있으며, 원리를 통해 사용 방법까지 보여주고 있다. 필자의 관심을 사로잡은 기발하고도 매력적인 기사, 논문, 혹은 에세이에는 흥미로운 사실 또는 추론으로서의 경험적 원리를 자세히 설명하는 아이디어가 내포되어 있다.

만약 제대로 활용한다면 작성시기와 상관없이 훌륭한 자료가 될 수 있을 것이다. 예를 들면 2000년 《the Journal of Experimental Botany》에

닉 배티(Nick Battey) 박사가 작성한 논문이 실려 있는데, 이것은 인류의 시간계산의 역사가 지구상 식물의 개화 전략과 어떻게 연결되는지에 관한 매우 흥미로운 글이다.

열적 쾌적감과 자연광 그리고 환기 등 원리와 관련된 다양한 주제는 과학적 과제로서 계속 연구되겠지만, 이것은 건축에 관한 여러 가지 감각적 판단의 핵심이 되는 경험적 문제이기도 하며, 일부 자료는 이러한 또 다른 지식을 반영한 것이다. 예를 들면 1979년에 처음 출판된 리사 헤숑(Lisa Heschong)의 책 『Thermal Delight in Architecture』이다. 또 다른 예로는 1964년 뉴욕 현대미술관(Museum of Modern Art)에서 기획하고 전시한 버나드 루도프스키(Bernard Rudofsky)의 『건축가 없는 건축(Architecture Without Architects)』이 있다. 그것은 설명도 없이 전 세계의 토속적이면서 시대를 초월한 건축물을 찍은 일련의 커다란 흑백사진들로 구성되어 있다. 종종 내외부의 사람들과 함께 묘사된 많은 구조물은 문화적, 역사적 풍부함과 함께 자연 세계를 직관적으로 수용하고 있음을 보여 준다. 전시회의 결과물인 이 책은 계보에도 없는 주거지가 조성된 특수한 장소에 관한 독창적인 개괄서로 남아 있는데, 자원이 제한된 장소적 특수성과 사람, 장소, 자연 사이의 관계를 명확히 보여주고 있다.

『저에너지 건축 디자인 원리 101』이 참고서가 될지 혹은 교과서가 될지 아니면 또 다른 무엇이 될지 아직 잘 모르겠지만, 나는 다음과 같은 입문서의 정의를 좋아한다.

영감을 불러일으킬 수 있는 근원적인 것

그러므로 이 책 혹은 이 입문서와 여기에 사용된 자료들을 위 정의에 내포된 표현으로 받아주기 바라며, 참고 문헌의 연구 범위와 다양성이 나에게 영감을 주었듯이, 당신 상상력에 흥미를 불러일으키기를 바란다.

CHAPTER 1. 부지와 입지 활용하기

건물, 세계에너지, 이산화탄소

미국에너지정보국(US Energy Information Agency)은 '아시아의 성장으로 인해 2050년까지 세계에너지 사용량이 50%까지 증가할 것으로 예측한다'(2019)라는 글에서, 2050년에도 세계에너지의 70%가 여전히 화석에너지로부터 나올 것이며, 오늘날 재생에너지는 약 15%에서 28%까지 증가할 것으로 예상한다고 밝혔다. 세계에너지 소비가 2050년에 50%까지 증가하고 화석 연료 사용량은 오늘날에 비추어 20% 증가할 것으로 내다봤다. 세계건축 및 건설연맹(Global Alliance for Buildings and Construction, GlobalABC)의 연례보고서(2019, p.10)에서는 주로 석탄과 천연가스로 건축물의 전기 사용료가 2010년 이후 20%까지 증가하였음을 밝히고 있다. 브라이언 에드워즈(Brian Edwards)는 포괄적인 내용을 담은 그의 저서 『Rough Guide to Sustainability』(2014, pp.111~117)에서 일부 국가 및 지역에서의 전력망 탈탄소화 프로그램의 도입 덕분에 전력 생산에 의한 탄소 배출량이 줄어들고 있음에도 '기본적으로 전기는 이산화탄소 발생량 측면에서 화석 연료에 의한 에너지원보다 두 배 이상 그 발생량이 많다'는 점을 강조하고 있다. 세계녹색건축위원회(World Green Building Council, WGBC)의 '내재탄소의 선제적 고려: 건축물 및 건설 부문에서 발생한 탄소 문제를 해결하기 위한 조치'(2010)에서는 건축물이 전 세계 이산화탄소 배출량의 약 40%에 달하는 비중을 차지하고 있음을 설명한다. 이에 따라 건물과 건설 부문의 탈탄소화는 기후 변화에 따른 목표를 달성함에 있어 결정적이라 할 수 있다.

미국환경보호청에서 운영하는 프로그램 에너지스타(Energy Star) 공식 웹사이트(www.energystar.gov)에 주목할 만한 흥미로운 내용이 나와 있는데, 2019년 가정에서 에너지 요금으로 연간 평균 2,000달러를 지출했다는 사실이다. 이 금액의 절반 이상이 열적 쾌적감과 만족감을 위한 조명에 사용됐다. 국제에너지기구(International Energy Agency, IEA)는 연간 글로벌 에너지 효율 보고서 및 10년 전망 보고서를 포함하여 풍부한 최신 정보를 제공한다. 「에너지 효율(Energy Efficiency 2019)」 보고서(2019년 전 세계 이산화탄소 배출량 참조)에 따르면, 1인당 바닥면적이 크게 증가하고 장비 사용이 증가함에 따라 최근 몇 년간 주거용 건축물 내에서의 실내 부하 발생량 증가 속도가 급속하게 빨라졌다. WGBC의 「Bringing embodied carbon upfront」(pp.7, 22)에서는 2060년까지 전 세계 인구가 100억 명에 도달하면 전 세계 건축물의 총 바닥면적이 두 배가 될 것이라는 유용한 내용을 담고 있다. 런던 에너지전환기구(London Energy Transformation Initiative, LETI)의 매우 유익하고 시효 적절한 '행동강령'인 「Climate Emergency Design Guide: How new buildings can meet UK climate change targets」(2020, p.39)에 따르면, 운영탄소(건축물 운영에 사용되는 화석연료기반 에너지의 이산화탄소 배출량)는 여전히 건축물의 사용기간 동안 가장 직접적으로 환경에 영향을 미친다는 점을 강조한다. 그림으로 잘 설명되어 있는 이 자료는 사례연구와 함께 전 생애 탄소와 내재탄소와 같은 문제에 관해 유용한 이야기를 담고 있다. 신재생 에너지와 원자력으로 국가 전력망이 탈탄소화함에 따라 운영탄소가 감소할 것으로 예상하고 있다(일부 국가에서는 다른 국가보다 빠르다). LETI 문서에서는 구현된 내재탄소가 오늘날보다 훨씬 더 높은 비율의 전 생애주기 탄소량을 구성하고 있으며, 이는 주요 관심 대상이 될 것이라는 점을 강조하고 있다(p.58). 영국왕립건축가협회(Royal Institute of British Architect, RIBA)의 공식 웹사이트(www.architecture.com)에 공개된 「Sustainable Outcomes Guide」(2019)에는 건축가와 고객들에게 기후 비상사태에 대응할 수 있는 명확한 로드맵을 제시하는데, '기후 문제'를 설정하기 위해 우리 모두는 2030년까지 운영에너지 수요(및 탄소)를 최소 75%까지 줄이는 것을 목표로 하여 WGBC를 포함한 다른 업계 리더들과 공유하고 있다. RIBA 안내서는 훌륭한 5개 항목의 계획을 제시하는데(p.21), 완전 탄소제로 건축물에서 우선순위는 여전히 운영에너지를 줄이는 것이며, 패시브 디자인 전략(이 책에서 경험적 원리에 의해 장려되고 있는)이 핵심임을 강조한다(p.23). 미국건축가협회(American Institute of Architects, AIA)는 건축물이 단일체로는 최대 에너지 소비자이며 온실가스 배출자임을 주장한다. 또한 기후 변화에 대응하여 2030년까지 탄소제로 수준으로 강화하고, 싸움의 최전방에 있는 건축가를 위한 올바른 에너지 모델링를 장려하고 있다. 더 많은 자료는 AIA 공식 웹사이트(www.aia.org)에서 확인할 수 있다.

IEA 보고서 「Global Energy and CO_2 Emissions in 2020」 1분기 내용에서는 70년 만에 가장 큰 에너지 수요 감소를 예상하였으며, 그 해에 전 세계적으로 이산화탄소 배출량이 최대 10% 감소할 것으로 예측한 바 있다. 코로나19 대유행이 에너지와 이산화탄소에 미치는 장기적 영향을 이 글을 쓰는 시점에서 예측하기란 불가능하겠지만, 다음 장에서 일부 살펴보고자 한다.

포스트 코로나 시대, 건설 이전에 생각하기

『What Colour is Your Building?』(2013, p.186)에서 데이비드 클라크(David Clark)는 만약 하나의 건물을 『저에너지 건축 디자인 원리 101』에 따라 운영에너지를 크게 줄이는 방향으로 개축할 수 있다면, 이를 실행하는 것이 탄소 배출량을 줄이는 해결책이 될 수 있다고 말한다. 수난드 프라사드(Sunand Prasad)와 그레그 페노이어(Greg Penoyre)는 『Low Energy Renewal of Non-domestic Buildings』(2014)의 '목적을 위한 개축' 부분에서 대안적 사고(작업 패턴을 다시 생각하는 것과 같은)와 실질적인 개축의 해결책을 조합한 내용을 설명하고 있다.
세계경제포럼(World Economic Forum, WEF)의 기사 「There 3 Charts Show What COIVD-19 Has Done to Global Energy Demand」(3 August 2002)에서 코로나 대유행으로 국가가 봉쇄된 상태에서 매달 사

용되는 에너지가 20% 감소했음을 보여준다. 석탄 및 가스 화력 발전으로 돌아가는 시대 흐름이 더뎌지거나 일시중단됨으로써 2020년에는 전체 발전량의 40%를 차지할 것으로 전망했던 신재생 에너지원이 크게 증가하였다. 말하자면 대규모 신재생 에너지원은 쉽게 중단되지 않는다는 것이다. 「Resetting the Future of Work Agenda: Disruption and Renewal in a Post-COVID World」(October 2020)에서 WEF는 전통적인 작업 방식이 지속 가능하지 않을 수도 있으므로 에너지 사용과 배출의 전통적인 패턴 역시 지속되지 않을 것이라는 점을 강조하고 있다. 데이비드 클라크는 『What Colour is Your Building?』(제4장과 제9장)에서 사무실 출퇴근에 대해서 언급하는데, 즉 자동차 통근으로 인한 배출량이 사무실 운영 배출량보다 클 수 있으며, 한 달에 두 번의 재택근무만으로도 10% 정도의 배출량을 줄일 수 있음을 강조한다.

태양과 태양기하학

디자이너에게는 태양기하학에 대한 기본적인 이해와 태양 경로 다이어그램을 읽을 수 있는 능력이 저에너지 건축 설계에서 핵심이라 할 수 있는데, 『Environment, Technology and Sustainability, Volume 2』(2010, pp.19~26)에서 태양과 태양기하학과 지구의 상호 관계에 대한 핵심을 간결하게 설명하고 있다. 태양 경로 다이어그램을 활용하면 지구상의 어느 곳, 어느 시점에서도 태양의 고도각(지평선 위 각도)과 방위각(나침반 각도)을 결정할 수 있다. 웹을 기반으로 한 태양 경로 계산기도 쉽게 찾을 수 있고, 일출 및 일몰 시간 등에 관해서도 상세한 내용을 즉각적으로 제공 받을 수 있지만, 태양 경로 다이어그램만큼 전체적인 그림을 보여주지는 못한다. 태양 경로에 대한 설명과 사용 방법에 대해서는 『Sun, Wind and Light: Architectural Design Strategies』(2014, p.E.283)와 이 책의 참고 문헌 설명에서 찾아볼 수 있으며, 북반구 태양 경로 다이어그램은 해당 도서에 수록된 Appendix F(pp. E.374~E.404)에 실려 있다.

지형학과 바람

『Environment, Technology and Sustainability Volume 2』(2010, pp.27~34, pp.41~43)에서 부다흐와 샤플리스는 기류가 건물과 조경에 미치는 영향을 도식화하여 제공하고 있다. 『Environmental Design, an Introduction for Architects and Engineers』(2006, p.63)에서 랜들 토마스(Randall Thomas) 등 몇몇 연구자는 방풍 장치의 효과에 대한 설명을 다이어그램으로 제시하고 있다. 「BRE Digest 350, Climate and Site Development」(1990)에서는 바람에 대한 건축물의 민감도에 관한 영향과 해결책에 관한 추가적인 질문을 던지고 있다.

미국 농무부의 천연자원 보존서비스(Natural Resources Conservation Service)는 웹사이트에서 적절한 식물 종을 포함하여 방풍림 설계를 위한 풍부한 기술 관련 정보를 공개한다. 그 내용에서 밝히기를 도시 근교의 건축물을 보호할 수 있도록 잘 설계된 방풍림은 건물 외피를 냉각시키고, 특히 침기량을 감소시킬 수 있기 때문에 겨울 난방비의 10~25%를 절약할 수 있다고 한다. 『Design with Climate: Bioclimatic Approach to Architectural Regionalism』(2015, p.99)에서 빅토르 올게이는 바람의 중요성을 언급하고 있는데, 시속 25마일의 바람이 부는 집은 시속 5마일의 바람이 부는 집보다 난방 요구량이 2.4배가량 증가한다고 한다. 네브라스카 주립대학 링컨 캠퍼스의 제임스 브랜들(James Brandle)과 브루스 와이트(Bruce Wight)가 작성한 「Windbreaks for Rural Living」(2007)에 의하면, 수목이 방풍림과 여름차양으로 사용되는 경우 최대 40%까지 전체 에너지가 절약이 되는 것으로 나타났으며, 최대 보호구역은 바람막이 높이의 2~5배 이내여야 함을 도표로 보여주고 있다. 구릉 지형이 바람에 미치는 영향은 G. Z. 브라운(G. Z. Brown)과 마크 디케이(Mark DeKay)의 주요 편람인 『Sun, Wind and Light』(pp.E.292~E.299)에 도표로 잘 나와 있다.

냉각용 수역

수역(水域, Body of Water)이 클수록 그 효과는 상승한다. 호수는 최대 2℃까지 주변 온도를 낮출 수 있으며, 냉각수의 영향은 바람이 부는 쪽으로 수백 미터까지 미친다. 반면, 정원에 있는 작은 풀장에 열을 쉽게 흡수하고 재방사하는 재료를 사용한다면 보다 큰 국부 냉각 효과를 얻을 수 있을 것이다. 애덤 리치(Adam Ritchie)와 랜들 토마스는 『Sustainable Urban Design』(2009, pp.80~81)에서 수경의 물리적 냉각 효과가 가져다주는 심리적 즐거움을 강조하고 있다.

《Frontiers in Earth Science》에 게재된 애나 솔체로바(Anna Solcerova)와 그 외의 글 「Nighttime Cooling of an Urban Pond」(2019)에서는 연못이 열을 흡수함에 따라 수역이 주간 냉각의 원천이 된다는 사실을 강조한다. 이것은 최근에 도시열섬 현상에 초점을 맞춘 연구 중 하나인데, 일부 지역과 계절에는 수역이 주변 지역에 대해 적지만 무시할 수 없는 야간 온난화의 원인이 될 수 있다는 사실을 보여주고 있어 여름날에는 도시 공간에 바람직하지 못한 결과를 초래할 수 있다. 비교적 얕고 정체되어 있는 물(이 경우 네덜란드 델프트의 700mm 깊이 연못)의 열 흐름을 측정하는 일은 복잡한데, 이러한 종류의 연구는 초기 단계에 있다. 그러나 주간에 일어나는 냉각 현상과 도시의 연못이 가진 잠재적인 야간 온난화 효과를 모두 고려해야 한다는 것이 점차 중요해지고 있다.

냉각을 위한 수목과 조경

나무는 복사열을 흡수하고 주변 공기를 식혀서 건물 주변의 기온뿐 아니라 실내온도까지 낮출 수 있지만, 열대 및 사막 환경의 경우는 이에 관한 확실한 증거와 합의에 이른 원리가 아직까지는 없는 듯하다.

브라운과 디케이의 『Sun, Wind and Light』(pp.E.24~E.26)에 의하

면 도심 녹지는 도시 공간의 200m 혹은 그 이상의 범위까지 냉각 현상을 가져다 줄 수 있다고 한다. 또한 도심 녹지는 식물의 냉각저장용량과 증발산량(Evapotranspiraion)* 영향으로 시가지보다 6~8℃(10.8~14.4℉) 정도 온도가 낮을 수 있음을 강조한다.

* **증발산량**: 지구에서 대기로 환원되는 수분의 총량

「Thermal Benefits of Vertical Greening in a High Density City: Case Study of Hong Kong」(2017)에서 토비 에니올루 모라키뇨(Tobi Eniolu Morakinyo) 등이 제안한 것처럼 고온다습한 지역으로서 공원 조경 공간이 부족한 고밀도 도시에서는 벽면 녹화가 냉각 효과를 얻는 데 가장 적합하다. 녹지 공간은 냉각과 휴식을 위한 환경을 제공할 뿐만 아니라 이산화탄소와 기타 기체 오염물질 흡수, 공기 질 개선 및 도시열섬 현상 감소 등의 이점이 있다. 모든 규모의 녹지 공간은 또한 인간의 건강과 행복감에 유익한 영향을 미치며, 이러한 주제는 이 책의 두 번째 시리즈인 『지속가능한 건축과 도시 디자인 원리 101』(2015, pp.174, 228~229)에 도식과 함께 잘 나와 있다.

나무와 잎사귀

소피 펠스메이커스(Sofie Pelsmakers)의 『The Environmental Design Pocketbook』(2015, p.166)에는 일사와 관련하여 다양한 수종별 나뭇잎을 통한 투과율에 대한 일람표가 나와 있다. 나무의 낙엽 시기 및 기간이 중요하다. 예를 들면 영국의 낙엽수는 5월에서 9월 사이에 잎이 만개하며 이 기간이 끝날 때마다 한 달 정도의 변화 단계가 있는데, 그 기간 동안은 부분적으로 잎이 매달려 있고 그 기간 전후로는 완전히 가지만 남게 된다.

이는 겨울에 햇빛을 잘 받아들일 수 있도록 유도하거나, 나무그늘을 통해 효과를 볼 수 있게끔 개구부와 형태 그리고 방향을 설계하고자 하는

에너지 절감형 디자이너들에게 유용한 정보들이라고 할 수 있다. 미국의 나뭇잎 상태에 관한 데이터와 함께 보다 중요한 디자인에 관련된 내용은 『Sun, Wind and Light』(pp.E.245~246)에서 찾아볼 수 있고, 다른 국가와 지역에 관한 지방 특유의 수목별 특성과 같은 자료도 있으며 이를 활용하여 태양열에 관한 패시브 디자인 및 차양 등에 활용할 수 있다.

토마스의 『Environmental Design』(p.59)에서는 건축물의 입면에 그늘을 제공하는 나무의 위치에 관해 다룬다. 펠스메이커스는 『The Environmental Design Pocketbook』(p.94)에서 약간 다른 원리를 제안하는데, 건물이 자리한 위치에서부터 다 자란 나무 높이의 1~1.5배 떨어진 곳에 나무를 심어야 한다는 내용이다.

미기후 - 바람, 온도 그리고 에너지

미기후의 분석과 디자인 원리는 브라운과 디케이의 저서인 『Sun, Wind and Light』의 주된 내용이며, 이 책의 'Outdoor Microclimates' 파트(Part IV, B8)에는 다양한 기후대에서의 미기후 디자인에 관한 의사결정과 실내외 공간의 관계를 자세하게 다루고 있다. 열적 쾌적, 미기후 연구 그리고 특히 도시의 미기후에 관해서는 새로운 컴퓨터 기반의 접근 방식을 통해 최근 상당히 발달된 모습을 보여주고 있다. 도시 기후에 관한 저널 「Microclimate Analysis as a Design Driver of Architecture」(2020)에 게재된 조너선 그레이엄(Jonathan Graham)과 그 외가 쓴 논문에는 건축가와 엔지니어의 관점에서 분석적 소프트웨어 기능의 작동에 대한 평가들이 나와 있다. 마틴 모스테이루 로메로(Martín Mosteiro Romero) 등은 「An Integrated Microclimate-energy Demand Simulation Method for the Assessment of Urban Districts」(2020)에서 도시 규모의 지역에서 미기후 모델링 도구와 에너지와의 결합에 관해서 설명하는데 최첨단 방법으로 건물들 사이의 열과 공기역학적 미기후의 상호 영향, 무엇보다도 에너지 소비에 미치는 영향을 예측할 수 있음을 보여주고 있다. 팀 드와이어(Tim Dwyer) 교수는 CIBSE 저널의 「Determining Thermal Comfort in Naturally Conditioned Buildings」(2017)에서 미기후 데이터를 다루는 방식을 언급하는데 예를 들면 뜨겁거나 차가운 공기의 흐름, 또는 대지 안팎의 오염 등 온도 및 환기의 필요성에 따라 내부 기능을 구성하는 건물 계획에 직접적인 영향을 미칠 수 있는 미기후 데이터를 다루는 방식에 대해 설명한다. 이러한 접근은 리사 헤숑의 논문 「Thermal Delight in Architecture」(p.8)를 기반으로 작성되었으며 이는 각각의 열적 미기후 특성에 대응하여 6가지의 새로운 주거 형태를 마련하는 행위임을 일깨워 주고 있다.

CHAPTER 2. 방향과 형태 조절하기

태양과 바람

지구의 대기 흐름에 관한 보다 명확한 설명은 매티스 레비(Matthys Levy)의 『Why the Wind Blows』(2007)에서 찾아볼 수 있는데, 여기에는 신예 기상학자들이 관심을 가질 만한 많은 내용이 포함되어 있다. 『Rough Guide to Weather』(2007)에서 로버트 헨슨(Robert Henson)은 날씨와 관련된 모든 것에 대해 훌륭한 출발점을 제공하며, 전 세계의 기후대별 간결한 역사와 계절에 관해 설명하고 있다. 각 기후대의 특성은 바룩 지보니의 책 『Climate Considerations in Building and Urban Design』(pp.333~441)에 잘 나와 있다. 『저에너지 건축 디자인 원리 101』도 19세기부터 널리 활용된 쾨펜의 기후 구분(Köppen Climate Classification)을 기초로 한 지보니의 5가지 기후지역 구분법을 참고했다.

왜 건물의 정면은 태양을 향해야 하는가?

브라이언 에드워즈가 『The Rough Guide to Sustainability』(p.276)에서 보여주듯이 창문은 남향(또는 남반구의 북쪽)에 가까울수록 더욱 유리한데, 그 이유는 북반구에 위치한 주택을 기준으로 볼 때 남향이 아닌 동향, 서향, 혹은 북향일 경우 에너지 요구량이 두 배 가까이 증가하기 때문이다. 북쪽에 면한 창문은 온대 및 한대 기후에서 상당한 에너지 문제가 발생할 수 있으므로 그 크기를 최소화해야 한다. 랜들 토머스의 환경과학 입문서 『Environmental Design, an Introduction for Architects and Engineers』(2006, p.58)에서는 건물의 주향(태양을 향해 가장 큰 창문이 나 있는 입면)이 정오 태양의 방위각을 기준으로 45° 이내에 면할 때 에너지 사용이 최적화된다는 일반적인 원리를 증명해 보여준다. 브라운과 디케이의 『Sun, Wind and Light』(pp.E.118~E.167)에서 더글러스 밸컴(Douglas Balcomb) 등의 저서

『Passive Solar Design Analysis』(1984)를 인용하면서, 주향이 남향을 기준으로 30° 이내에 면하게 되면 태양복사열의 손실이 10% 미만이 될 것이라며 좀 더 면밀한 주향의 설계 범위를 기술하고 있다.

차양 장치

잘 설계된 차양 장치는 햇빛의 실내 유입을 거의 차단할 수 있다. 펠스 메이커스는 『The Environmental Design Pocketbook』(2012, p.141)에서 햇빛의 실내 유입을 90%까지 차단하는 차양 장치 사례를 소개한다. 햇빛의 유입 조절을 위한 차양 설계 전략은 건물 개구부의 방향에 따라 결정되며, 햇빛을 차단해야 하는 하루 및 연중 시간대와 매우 밀접한 관련이 있다. 햇빛 조절 차양 장치를 설계할 때 가장 좋은 방법은 모델링을 하는 것이다. 즉, 컴퓨터 소프트웨어를 사용하거나 실제 모형을 만들고 헬리오돈(Heliodon)*과 같은 장비로 태양의 궤도를 모사하여 그 성능을 측정한다. 그러나 그에 앞서 일반적인 기후대 특성별 원리가 태양을 향한 개구부의 일사 조절을 위한 차양 장치 설계의 출발점이 되어야 하며, 그 내용은 다음과 같다:

* **헬리오돈**: 건물에 대한 태양의 움직임을 실험하기 위해 사용되는 장치.

- 한대 및 온대 기후: 하지와 동지의 정오 태양고도 중간을 가로지르는 선의 수평 투영에 맞춰 설계해야 하지만, 최대 투영 거리가 1.5m인 중위도 지역의 경우 다음 공식을 사용한다.
  하절기 투영(Summer Projection) = h/tan(ss)
  동절기 투영(Winter Projection) = h/tan(ws)
  h = 창문의 높이, ss = 하지의 태양고도각, ws = 동지의 태양고도각. 투영 값이 두 절기 사잇값이 되도록 설계해야 한다.

- 열대 기후: 춘분의 태양고도각을 기준으로 차양의 깊이를 정해야 한다. 그러나 일부 열대 기후 지역의 초봄과 가을의 서늘한 시기를 고려

한다면 태양열 획득이 이로울 수도 있다.

- 적도 지역: 적도 지역은 한낮의 높은 태양은 상대적으로 좁은 수평 투사각이기에 차단될 수 있다. 그러나 이 지역의 태양 역시 연중 특정 기간 동안은 오후 시간대에 적도를 향한 입면에 햇빛이 닿을 수 있으며 동시에 지평선을 따라 매우 낮은 각도로 들어와 건물의 표면을 가열할 수도 있다. 이 기후대에서는 춘분의 오후 중간, 즉 오후 3시경이 투영 깊이를 결정하기에 보다 좋은 출발점이라 할 수 있다. 이 지역의 여름철 태양 빛은 적도를 향하지 않는 건물 표면에도 도달할 것이며, 이러한 경우에는 수직 및 수평 투영의 조합이 모든 입면의 차양을 위한 가장 효과적인 해결책이 될 것이다.

브라운과 디케이의 『Sun, Wind, and Light』(pp.E.239~E.244)에서 계산식을 대신할 수 있는 일련의 도표가 실려 있는데, 이를 활용하면 특정 위도 범위 내에서 투영 범위 및 입면별 창문 크기를 결정할 수 있다. 이 도표는 또한 차양이 필요한 시기 및 유형을 결정하는 방법에 관해서 설명한다(pp.E.344~E.349). 영국의 건설공학기술협회(Chartered Institution of Building Services Engineers, CIBSE)에서 발표한 「Lighting Guide 10: Daylighting – a guide for designers」(2014)에도 풍부한 통찰력과 실용적인 지침이 실려 있는데, 영국뿐만 아니라 다른 유사한 온대 기후에도 적용할 수 있는 내용이 많다.

봄과 가을의 쟁점, 차양을 할 것인가? 말 것인가?

태양의 궤도가 3월 21일과 9월 21일에 서로 동일하다는 태양기하학의 특수성이 종종 잊히곤 하는데, 이 시기에 난방과 음영의 필요성이 서로 다르다는 중요한 차이점을 놓쳐서는 안 된다. 켄 해거드(Ken Haggard)의 책 『Passive Solar Architecture Pocket Reference』(2009, p.24)에서는 차양 문제를 다룬 내용이 실려 있다.

밀집한 형태, 조밀한 생활과 계절 적응형 건축

『Design with Climate』(pp.87~91)에서 올게이는 태양을 향해 약간 길게 뻗어 있는 형태가 열 손실 및 태양열 획득 사이에 최상의 균형을 이룬다고 주장함과 동시에, 다양한 기후대에 적합한 건축 형태를 서술한다. 영국의 NHBC(National House Building Council)의 문헌 「The Challenge of Shape and Form: Understanding the Benefits of Efficient Design」(2016, pp.3~6)에는 일반적인 주거 유형별(중층 아파트부터 독립형 방갈로까지) 상대적 열 손실을 비교한 내용이 잘 나와 있다. 키스 홀(Keith Hall)과 리처드 니컬스(Richard Nicholls)의 『The Green Building Bible Volume 2』(2008, pp.24~37)에는 건축물의 형태와 표면적의 영향에 관해 설명하며 건물 형태에 따라 단열을 강화할 필요성이 있음을 언급하며 그에 대한 근거를 제공하는 동시에 외피의 단열 값을 다룬 내용을 제시한다.

일부 기후대에서는 에너지 절약을 위한 밀집 형태의 필요성과 냉각을 위한 외피 면적의 증가 및 맞통풍을 위한 펼쳐진 형태의 필요성에 대한 의견이 충돌한다. 융통성 있는 형태가 답이 될 수 있는데, 일본 정부의 온라인 잡지 《Niponica》의 기사 「Advanced Energy-Efficient Home Dressed for the Season」(2016, no.19, part 4)에 따르면 계절에 따라 '옷을 갈아입는' 일본의 전 생애주기에 걸쳐 탄소마이너스를 실현하는 주택 설계(Life Cycle Carbon Minus, LCCM)에서 힌트를 얻을 수 있다. 즉, 조닝 계획(활동적인 거주 영역, 정적인 취침 영역, 그리고 태양빛에 노출된 면 근처의 완충 영역 등으로 구분)을 함으로써 여름에는 개방적으로 사용하고, 겨울철에는 냉기에 노출되는 부분을 줄여 폐쇄적으로 운용하는 원리를 말한다. 건축적인 특성에 따라 계절적 적응력을 가진 건축물에 관한 분류는 아그네스 닐라스(Agnes Nyilas)와 요시히토 쿠라즈미(Yoshihito Kurazumi)의 「On the Aesthetics of Seasonally Adaptive Buildings－A Morphological Approach towards Climate Responsive Architecture」(2017)에서 사례와 함께 찾아볼 수 있다.

닉 배티가 저술한 《the Journal of Experimental Botany》의 「Aspects of Seasonality」(2000)에서 많은 것을 배울 수 있는데, 그중 하나는 동지 및 하지와 춘분 및 추분을 나누기 전에 낮이 밤보다 긴 기간 혹은 밤이 낮보다 긴 기간을 먼저 분류해야 한다는 것이다. 또한 광주기성 꽃식물들의 작용에서 상세한 내용을 예측할 수 있는데, 이는 계절에 따른 낮과 밤의 상대적인 길이 변화에 대응하는 광주기성 꽃식물들의 행태에서 엿볼 수 있다.

CHAPTER 3. 저에너지 건축물의 외피 시스템

전 생애주기 탄소량, 그리고 저탄소와 지속 가능한 재료

우리가 따라야 하는 탈탄소화의 방향성은 LETI의 「Climate Emergency Design Guide: How new buildings can meet UK climate change targets」(2020, p.58)에 잘 설명되어 있는데, 이는 운영탄소를 최대한 저감한 후 내재탄소 저감에 초점을 맞추는 것이다.

WLC 배출량은 건축물 사용기간 동안의 운영에너지와 건축물의 자재, 건설, 주기적인 수리 및 마지막 철거 과정까지의 내재에너지로 구성된다. 「Estimation and Minimization of Embodied Carbon of Buildings: A Review」(2017)에서 알리 아크바네자드(Ali Akbarnezhad)와 젠주앙 샤오(Jianzhuang Xiao)는 내재탄소가 WLC 20% 정도로 적은 비중을 차지할 수 있지만, 저에너지 사용을 위해 특별히 설계된 건축물(저탄소 배출 중인)의 내재탄소는 WLC의 40~60% 정도를 차지한다고 말한다. WGBC는 「Bringing Embodied Carbon Upfront: Coordinated action for the building and construction sector to tackle embodied carbon」(2019)에서 건축물의 내재탄소는 전 세계 탄소 배출량의 11%를 차지함을 밝힌 바 있다. 또한 유럽표준화위원회에서 설정한 EN 15978의 수명주기에 근거하여 내재탄소의 단계를 설명하는데, 이를 요약하면 다음과 같다.

선행 단계 탄소:

- 추출, 제조업체로 운송, 제조, 현장으로 운송, 건설

사용 단계 탄소:

- 유지보수, 수리, 교체, 개조

수명종료 단계 탄소:

- 해체, 폐기시설로 운송, 처리, 폐기

WGBC 보고서에 따르면 수명종료 단계를 넘어 순환 과정의 일부로 해체된 건축자재 및 제품을 재사용, 복구 그리고 재활용하여 선행 탄소 수준으로 다시 되돌려야 한다고 말한다.

영국 비영리기관 폐기물자원 활동프로그램(The Waste and Resources Action Programme)의 정보 간행물 「Cutting Embodied Carbon in Construction Projects」에서는 건물 형태만으로도 5%를 절약할 수 있고, 저탄소 집약 재료를 사용하면 20%를 절약할 수 있음을 밝히면서 내재탄소 절감의 가능성을 보여준다. 영국 그린빌딩 협의회(UK Green Building Counciil, UKGBC) 「Tackling Embodied Carbon in Buildings」(2015, p.4)에서는 각 단계에서 내재된 탄소의 비율을 보여준다. 영국 단독주택의 경우 재료 및 제품(선행 단계 탄소)의 탄소 비율이 가장 높은데, 이는 내재탄소의 최대 80%(그 자체만으로는 WLC의 절반 정도)에 해당하는 것으로 거주하는 동안 매우 높은 비율의 WLC가 나타남을 알 수 있다. 이 보고서는 설계 단계에서는 특히 구조에 중점을 둘 필요가 있음을 강조하며, 그렇지 않으면 건물 사용기간 동안 잠재되어 있는 내재탄소를 절약하기가 어려워질 것임을 상기시키고 있다.

브라이언 에드워즈는 『Rough Guide to Sustainability』(p.165)에서 골재, 점토, 석재 및 침엽수 등의 다양한 재료를 나열하면서 금속, 플라스틱 및 활엽수 대신 이러한 재료를 활용하도록 촉구한다. RIBA의 기사 「Why the time is ripe for a return to stone as a structural material」(May 2020)에서 스티브 웹(Steve Webb)은 구조용 목재보다 탄소 비용이 적은 석재의 구조적 특성과 저탄소 및 재사용 가능한 특성을 알려 준다. 데이비드 클라크는 『What Colour is Your Building?』(p.210)에서 철강과 콘크리트는 전체적으로 유사한 정도의 탄소 발자국(Carbon Footprint)*을 발생시킴을 알린다. 따라서 이들의 탄소 함량을 줄이기 위해서는 재사용 강철을 적극 활용해야 하는 동시에 콘크리트의 재료 혼합 비율을 조절하는 것을 목표로 해야 한다.

* **탄소 발자국:** 개인 또는 단체가 직간접적으로 발생시키는 온실 기체의 총량을 의미한다. 여기에는 이들이 일상생활에서 사용하는 연료, 전기, 용품 등이 모두 포함된다.

제8장에는 건축자재에 관한 매우 유용한 내용이 나와 있다. 특히 강철, 콘크리트, 목재, 석조 및 창유리의 내재탄소를 줄이는 선택에 대해 설명한다. LETI의 「Embodied Carbon Primer」(2020, Appendix 6)에서는 저감 내재탄소에 필요한 경험적 원리를 건물 요소별 사례연구와 함께 설명한다. 펠스메이커스는 『The Environmental Design Pocketbook』(p.204)에서 운송연료 및 배출을 최소화하기 위해 모든 자재를 건축현장에서 100km 미만의 거리에서 수급할 것을 제안하고 자재 공급 시 최대 거리를 제시한다.

두 번째 시리즈인 『지속가능한 건축과 도시 디자인 원리 101』(2015)에서는 자재 선택과 관련한 경험적 원리를 서술한다. 이야기 형식의 참고문헌 해설은 저탄소 및 지속 가능한 건축자재에 대해 보다 자세한 정보를 다룬다.

중량 건축물은 경량 건축물보다 천천히 가열되고 냉각된다.

높은 축열 성능을 지닌 건축물에서 최대 실내온도의 변화율은 실외온도의 약 절반 수준이다. 지보니는 『Passive and Low Energy Cooling of Buildings』(1994, p.60)에서 경량 건축물에서는 다른 한편으로 온도 변화율이 실외온도의 0.8배까지 증가할 수 있다고 산정한다. 즉, 실외온도와 매우 밀접한 관계를 나타낸다. 각각의 건축물은 건축자재와 건축방법에 따라 크게 다르지만, 축열 성능이 높은 건축물의 경우 최고 실외온도와 최고 실내온도의 도달 시점 사이에 10시간 이상의 차이가 생길 수 있다. 올게이는 『Design with Climate』(pp.116~117)에서 이러한 중요 원리를 다루었다. 최고 실외온도와 최고 실내온도 사이의 시간 지연은 야간에 발생하도록 설계할 수 있다.

호주 정부의 「Your Home Technical Manual」(2014, Thermal Mass 부분)에는 몇몇 건축자재의 상대적 열적 지연시간을 보여주는 매우 흥미로운 표가 나와 있는데, 250mm의 콘크리트는 6.9시간의 열적 지연시간을 가지며, 1,000mm 모래 양토는 30일에 걸쳐 매우 느린 열적 지연이 일어난다고 추정한다. 홀과 니컬스『The Green Building Bible Volume 1』(2008, p.58)에서 축열 용량과 열 교환의 90%는 밀도가 높은 벽체의 바깥쪽 50mm에서, 50%는 바깥쪽 25mm에서 이루어지므로 건축물 내에서 발생하는 열을 저장하고 온도 변동을 완화하는 데 매우 두꺼운 벽체가 필수는 아니라고 설명한다.

축열 성능이 높은 축열체는 야간 환기가 필요하다

지보니의 연구『Passive and Low Energy Cooling of Buildings』(pp.60~65)에 따르면 야간에 냉각된 건축물의 최대 실내온도는 야간 냉각의 도움을 받지 않은 건축물보다 3℃(5.4℉) 낮을 수 있음을 밝히고 있다. 최대 실외온도가 36℃(96.8℉)라는 것은 잠재적으로 훨씬 더 쾌적한 27.5℃(81.5℉)의 최고 실내온도를 의미한다. 건조한 사막지대에서는 실내온도가 최고 실외온도보다 6~8℃(10.8~14.4℉) 낮을 수 있다. 따라서 시원한 야간 공기가 노출된 축열체를 식힐 수 있도록 개구부를 디자인해야 하는데, 지보니는 개구부 디자인으로 야간 환기 효과를 극대화하는 방법에 관한 사례를 보여준다. 여름날의 높은 주간온도로 실내가 쾌적하지 못한 기후대에서는 주간의 환기보다 야간의 환기가 보다 효과적이다. 야간 환기를 위한 개구부는 사생활 보호와 보안을 고려해야 하며, 특히 도시에서는 소음 문제까지도 고려해야 한다. CIBSE의 기술 각서 TM40 「Health and wellbeing in building services」(2020)에는 창문을 통해 자연환기를 할 때 일어나는 소음 방지에 관련된 혁신적인 내용이 나와 있다. 높은 축열 성능의 건축물 개구부에는 여름 최고

온도를 낮춰 줄 차양 장치를 설치해야 하며, 이는 따뜻한 기후와 서늘한 기후 지역에서도 기온이 올라가게 되면 고려해야 할 사항이다.

축열체와 단열

일반적인 건축 자재의 축열과 단열과의 관계는 여러 참고 도서와 자료에 나와 있다. 펠스메이커스의 『The Environmental Design Pocket-book』(7.2.7 부분)에서는 내재탄소와 같은 추가적인 재료의 특성을 다룬다. 특히 273쪽에 나와 있는 그래픽으로 내재에너지가 상대적으로 높은 몇 가지 광물과 오일에서 추출한 단열 재료를 비교할 수 있다. 영국의 녹색건축 관련 온라인 업체 그린스펙(GreenSpec)에서는 목재의 축열 용량을 확인할 수 있는 속성 표를 제공한다. 비교적 높은 목재의 축열 용량은 건축에서 구조단열패널(Structural Insulated Panels, SIPs)과 같은 목재와 관련 기술에 관심이 증가한 배경이 된 목재 고유의 특성 중 하나다(다른 하나는 탄소저장 용량으로, 다시 말해 탄소중립성이다). SIPs는 전통적인 건설기술에서 벗어난 모듈 또는 조립식 건설기술을 통칭하는 유럽의 MMC(Modern Methods of Construction)로 알려진 여러 가지 요소 가운데 하나다. 펠스메이커스(pp.213~222)의 책에 MMC, SIPs 및 목재건설에 관한 일반적인 설명이 나와 있다.

축열체와 단열의 통합접인 접근

호주 정부의 「Your Home Technical Manual」(Insulation 부분)는 여러 가지 벽체 구조에 있어서 적절한 단열 위치를 설명한다. 실내온도의 변화를 줄이려면 축열체가 건물 내부와 직접 면해야 한다는 내용의 많은 연구가 있다. 더 나아가 노출된 축열체 벽은 기후대에 따라 동일한 단열값의 경량 벽에 비해 에너지 요구량을 10%에서 20%까지 저감할 수 있다.

단열재가 외부에 있든 다층 구조의 내부에 있든 상관없이 벽을 따라 열이 전달된다는 사실을 잊지 말아야 한다. 단열재는 열 흐름을 완전히 차단하지는 못한다. 오늘날 북유럽 기후에서는 벽과 바닥의 단열재 두께가 200~250mm 정도, 지붕은 300mm 정도 예상되는데, 매우 추운 지역에서는 이 수치가 더 증가할 것이다. 펠스메이커스의 『The Environmental Design Pocketbook』(pp.271~273)에서는 벽 단열재의 두께를 100mm로 줄이는 방법을 설명하지만 그만큼 단열재의 높은 내재탄소 함량을 부담해야 한다. 해거드 등의 『Passive Solar Architecture Pocket Reference』(p.30)에는 다양한 기후대에 있어서 지붕과 벽에 필요한 단열값에 관한 유용한 표가 나와 있다.

언제 그리고 어디에 축열체를 사용해야 할까?

호주 정부의 「Your Home Technical Manual」(Thermal Mass 부분)에 따르면 일교차가 7~10℃(12.6~18°F)인 곳에서부터 축열체를 적용할 수 있으며, 이를 넘어 일교차가 10℃(18°F) 이상인 곳에서는 축열체의 적용이 매우 효과적이라는 것이다. 일교차가 클수록 온도 변화를 억제하는 데 보다 많은 축열량이 필요하다는 것이 기본 원리이다. 그러나 극단적인 기후 지역에서는 예외가 있는데, 예를 들면 주간에 10℃(18°F)의 변동이 있을 수 있지만 일 년 내내 낮과 밤 모두 기온이 높게 유지되는 열대 지역이다.

중량 혹은 경량 - 기후대별 접근법

올게이의 『Design with Climate, Bioclimatic Approach to Architectural Regionalism』(1963, pp.122~124)에서는 단열재와 축열체 사이에 균형을 이루는 것의 중요성과 기후대별 이상적인 축열체의 위치를 강조한다. 일반적으로 고온다습한 곳에서는 경량 구조를 권장하지만 지보니는 『Climate Considerations in Building and Urban Design』(1998, p.400)에서 고온다습한 조건에서의 축열체 실험을 통해 자세하게 설명했듯이, 효과적인 야간 환기와 축열체의 조합을 통해 온도 안정성이 향상될 것이라 결론짓고 있다. 그러한 지역에서는 차양이 매우 중요하다. 호주 정부의 「Your Home Technical Manual」(Thermal Mass 부분)에서는 온대 연안 기후대처럼 일교차가 6℃(10.8℉) 이하인 곳에서는 경량 구조를 권장한다.

중량 혹은 경량 - 건축물의 이용 빈도별 접근법

펠스메이커스는 『The Environmental Design Pocketbook』(p.172)에서 축열체가 없는 경량 건축물은 가끔 사용하는 주말 주택 등에 적용할 것을 권장한다. 계속해서 사용하는(계절에 따라 간헐적으로 사용하는 것이 아닌) 건축물은 필요한 열기를 지속적으로 유지할 수 있는 중량 구조가 더 적합하다. 축열 성능이 높은 구조체 내부 단열재의 위치는 벽의 열적 성능에 영향을 미친다. 단열재가 내부에 있으면 그 구조체는 열 획득이 어렵고 경량 건축물처럼 쉽게 가열되거나 냉각된다. 단열재가 외부에 있으면 그 축열체는 내부 열과 결합하여 서서히 열을 흡수하거나 방출한다. 이 두 가지 접근방식은 신축 및 개축 프로젝트 모두에 대해서 다양한 거주 유형을 위한 효과적인 디자인 전략을 제공한다.

우리가 입는 것과 활동하는 것이 열적 쾌적감에 영향을 미친다.

팀 드와이어 교수가 CIBSE에 발표한 「Determining Thermal Comfort in Naturally Conditioned Buildings」(2017)를 보면 쾌적함이란 이제 저탄소 건축의 '초석'으로 인식되고 있으며, 거주자가 개인과 건축물에 관련된 조치를 취하도록 허용하고 교육하는 것의 중요성에 대해서 언급하고 있다. 지보니는 『Climate Considerations in Building and Urban Design』(pp.38~39)에서 습도가 낮은 지역에 대한 허용 온도를 규정하는데 겨울에는 18~25℃(64.4~77℉), 여름에는 20~27℃(68~80.6℉)를 제시한다. 그는 또한 열 환경에 대한 인간의 반응을 다룬 매우 유용한 내용(pp.5~22)을 제공하였는데, 인간과 내부환경 사이의 열교환율이 의복과 신체활동에 의해 크게 좌우됨을 보여준다. 실제로 최근에는 아나스타시오스 이오아누(Anastasios Ioannou)가 쓴 「Thermal Comfort and Energy Related Occupancy Behaviour in Dutch Residential Dwellings」(2018)에서 32개 주택을 사례로 실시간 측정한 6개월간의 실험을 통해 의복과 신진대사 활동, 그리고 어느 정도의 온도 조절장치의 작동이 열적 쾌적함에 커다란 영향을 미친다는 사실을 보여준 바 있다. 많은 연구를 통해 사람들이 옷을 두껍게 입을 경우 거주의 불편함 없이 실내온도를 크게 낮출 수 있다는 것이 증명되고 있다.

온도에 관한 다른 측면으로 데이비드 클라크의 『What Colour is Your Building?』(Appendix H)에는 덥고 습한 일본 정부의 'Cool Biz*'의 창의성을 소개한다. 후쿠시마 원전 사고 이후 에너지 위기에 처한 일본의 기업에서는 사무실 직원이 28℃(82.4℉)의 실내온도에 맞추어 가벼운 옷을 입도록 권장하였고. 이에 따라 가벼운 사무 복장에 관련된 새로운 패션 산업이 성장했다는 것이다. 클라크가 위의 책 93쪽에서 지적한 것처럼 인간의 적응력이 핵심적인 내용인데, 그 근거로 덥고 습한 지역에 사는 사람들은 일반적으로 추운 지방에 사는 사람들보다 더 높은 내성을 갖거나 체득할 것이기 때문이다. 지보니는 이 지역에서 허용 가능한 상한온도를 2℃(3.6℉)까지 높일 것을 제안한다. 펠스메이커스의 『The Environmental Design Pocketbook』(p.158)에서 발의 온도는 19℃(66.2℉) 이상을 유지해야 하며, 발의 온도가 머리보다 3℃(5.4℉) 낮으면 불쾌감을 느끼게 된다는 점을 환기시키고 있다.

* 쿨 비즈(Cool Biz, クールビズ): 주로 여름철에 가벼운 차림의 의복과 넥타이 미착용 권장 등으로 에어컨 사용량을 줄이는 에너지 절약 캠페인.

창문과 유리

유리는 건물의 에너지 사용과 관련하여 중요하면서도 복잡한 요소이다. 유리가 너무 많거나 또는 잘못 사용되거나, 위치가 잘못되면 여름철 실내를 과열시킬 수 있고, 반대로 겨울철에는 너무 춥게 만들 수도 있다. 유리는 다른 건축 자재에 비해서 빈약한 단열재이며, 겨울에는 내부의 열이 너무 쉽게 빠져 나간다. 삼중유리창은 이중유리창과 비슷한 수준의 열 손실을 가져오지만 삼중유리창을 만들기 위해서는 약 50%의 에너지(내재에너지)가 더 요구된다는 사실을 잊어서는 안 된다.

브라이언 에드워즈는 『The Rough Guide to Sustainability』(p.230)에서 삼중유리창을 통한 빛투과율은 이중유리창보다 40% 정도 낮을 수 있음을 지적하면서, 한대 기후대에서는 태양을 향한 이중유리창과 반대쪽의 삼중유리창을 2:1 비율로 사용하여 열 획득과 손실을 최적화할 것을 제안하고 있다. 펠스메이커스는 『Environmental Design Pocketbook』(p.168)에서 이중유리창과 삼중유리창의 성능을 비교하면서 내부 유리창 근처의 온도가 실온에 더 가까워 인간이 불편함을 느끼는 온도 차를 최소화하기 때문에, 삼중유리창이 건축물에서의 열적 쾌적감을 향상시킨다는 것을 증명하고 있다. 실제로 매우 추운 겨울날 21℃(69.8℉) 정도 되는 방에서 이중유리창 근처의 내부온도는 16℃ 정도, 삼중유리창의 경우는 18℃(64.4℉) 정도였다. 해거드 등은 『Passive Solar Architecture Pocket Reference』(p.35)에서 건축물에 있어 개구부의 다양한 기능과 건축적 의미에 관해서 언급한다. 또한 다양한 창의 유형별 열과 햇빛의 특성에 관해서 표를 만들어 설명한다(p.36).

저에너지 설계자가 관심을 갖는 유리의 주요 특성은 다음과 같다.

- 전체 열관류율(U-value): 유리와 창틀을 포함한 창호시스템을 통한 열 전달에 대한 저항값. 값이 낮을수록 열 저항 성능이 좋음.
- 빛투과율 혹은 태양열 획득계수(SHGC): 태양열 획득을 가능하게 하는 창의 능력 측정치. 빛투과율이 클수록 태양열 획득량이 커지며 이는 겨울에는 유용한 속성이지만 여름에는 가열의 위험이 있다. 단열유

리창이 좋기는 하지만 열관류율은 좋지 않다.

- 로이코팅(Low-E): 추운 지역이나 계절에 실내에서 열이 빠져나가는 것을 방지하기 위해 사용된다. 더운 기후 지역에서는 반대로 열이 실내로 유입되는 것을 방지하기 위해 사용될 수 있다. 중요한 점은 유리의 어느 표면에 코팅을 하는가이다. 이중유리창의 표면은 외부에서 내부로, 1, 2, 3, 4 등의 순으로 번호가 매겨진다.
- 차폐계수(SC): 단일창을 기준으로 창을 통과하는 열의 양을 측정한 것으로, 수치가 낮을수록 음영이 커진다. 유리의 착색 때문에 종종 차폐계수가 낮아지기도 하는데, 햇빛의 투과율이 훨씬 낮아 인공조명을 더 많이 사용하게 된다.
- 빛투과율이 높을수록 더 많은 햇빛이 건물 안으로 들어온다.

여러 가지 특성은 특정 기후 지역 및 건축물 입면의 향과 연계하여 균형을 이루어야 한다. 건축물의 바닥면적과 태양을 향한 유리면적 사이의 관계는 기후대에 따라 다르다. 브라운과 디케이는 『Sun, Wind and Light: Architectural Design Strategies』(pp.E.224~E.226)에서 관련 기후 지도로 추정할 수 있는 미국 여러 도시별 최적의 유리면적을 정리한 표를 제공한다. 5개 기후대에서 태양을 향한 유리면적과 바닥면적 비율에 관한 디자인 원리는 제5장에 나와 있다. 각각은 매우 다른 결과를 보이기 때문에 실수를 피하기 위해서는 유리면적 대비 벽면적이나 바닥면적의 비율을 제공하는지를 항상 확인해야 한다.

구조체 우선: 단열, 침투 그리고 창문, 또는 개축을 위한 황금률

경험적 원리는 포괄적이기 때문에 기존 건물의 개축이나 신축 프로젝트에 동일하게 적용되는데, 그럼에도 불구하고 특히 개축에 적합하다. 펠스메이커스의 『The Environmental Design Pocketbook』(2012, pp.229~238)은 기존 주택의 개축에 대해 설명하는 장을 포함하고 있으며, 다양한 요소를 적용하는 데 따른 투자 회수 기간을 고려하고 있다.

거주인의 생활습관을 바꾸는 것 외에 가장 효과적인 에너지 저감법은 전통 방식으로 지은 집의 최상층과 벽체의 단열 성능을 보강하는 것인데, 이를 통한 투자 회수 기간은 보통 5년 미만이다. 단일창을 성능이 우수한 이중창 또는 삼중창으로 교체하면 에너지 저감에 따른 이익(한대 기후에서는 단일 창호에 비해 에너지 비용 절감률이 최대 40%)이 발생하고 이를 통한 투자 회수기간은 대략 15~30년이다.

부다흐와 샤플리스는 『Environment, Technology and Sustainability』(pp.61~63)에서 온대 기후에서의 일반적인 주거 건축(특별히 저에너지형으로 설계되지 않은 주택)의 자재를 통한 열 손실에 대해서 언급하며, 다양한 건축자재를 통한 일반적인 열 손실 비율에 관한 소견을 제시한다. 호주 정부의 「Your Home Technical Manual」(Insulation 부분)에는 온대 기후에서 사용한 단열재를 동일한 양으로 호주에서 사용했을 경우 열 획득으로 이어질 수도 있음을 보여준다. 중량 구조의 축열체는 열의 흐름을 늦추기는 하지만 멈출 수는 없다는 점을 기억해야 한다. 저에너지 혹은 제로에너지 사용 건축물을 위해서는 구조보다 다른 것을 통한 도입과 산출을 고려해야 하는데, 바리스 보칼더스(Varis Bokalders)와 마리스 블록(Maris Block)은 『The Whole Building Handbook』(2010, pp.236~237)에서 물과 하수설비 시설을 통한 에너지 산출 등에 대해서도 에너지의 균형을 맞출 것을 제안한다. 우리는 열교환기를 사용하여 폐기물에서 에너지를 회수할 수 있음을 깨닫게 된다.

많은 이들은 두 가지 유형의 통풍, 즉 건축물 구조의 균열과 틈을 통한 환기 등 의도하지 않은 통풍과 유리창을 통한 의도된 통풍을 고려한다. 양쪽 모두 열 감소에 잠재적인 역할을 한다.

의도치 않은 결과

유럽위원회(The European Commission)는 온라인 기사 「New rules for greener and smarter buildings will increase quality of life for all Europeans」(2019)에서 유럽연합 내 50년 이상 된 건축물이 약 35%이지만 그 중 단 0.4~1.2%만이 매년 개보수하는 것으로 추정하고 있다. 그 수치는 획기적으로 증가되어야 하지만, 건설 산업계는 이전과 같은 에너지 개량 계획의 실패를 반복하지 않아야 할 필요성을 인식하게 될 것이다. 직물구조(완전무결성, 장수명, 전통적 유산), 건강 및 실질적인 에너지 효율성 달성에 따른 심각한 손실에 관해서는 지속 가능한 전통건축물연합(Sustainable Traditional Buildings Alliance, STBA)의 「Planning Responsible Retrofit of Traditional Buildings」(2015)에 잘 소개되어 있고, 「Whole Building Approach」(pp.16~17)에도 잘 나와 있다. 개보수 시 점검해야 할 체크리스트와 의도하지 않은 결과에 대해서는 펠스메이커스의 『The Environmental Design Pocketbook』(pp.282~287)에서 확인할 수 있다. 여기에는 제번스(Jevons)의 역설이 언급되어 있는데, 개보수로 난방비가 절감된다는 사실을 알게 되는 경우 사용자가 난방을 많이 함으로써 에너지 소비가 증가하기도 한다는 사실이다. 펠스메이커스는 사용자가 높은 에너지 요금 때문에 난방을 하지 못하고 보온 유지를 위해 노력했을 수 있기 때문에, 개보수가 실제로 핵심적인 방식으로 작용했음을 적절히 지적하고 있다. 개조 문제와 해결책은 STBA의 웹 기반 디자인 도구인 'Responsible Retrofit Buidance Wheel'(www.responsibleretrofit.org/wheel)에서 찾아볼 수 있다.

옥상 녹화, 그리고 기후 변화

랜들 토마스의 『Environmental Design an Introduction for Architects and Engineers』(2006, p.158)에서는 150mm 콘크리트 슬래브 위 100mm 단열재와 500mm의 흙으로 쌓인 옥상 녹화 아래의

사무실 공간은 최대 실외온도 도달시점과 최대 실내온도 도달시점 사이 최대 12시간의 시차를 입증해 보여주고 있다. 만약 슬래브가 내부로 노출되면 지붕은 열 손실을 줄이는 역할을 함과 동시에 온도 변화의 균형을 조절하는 역할까지도 수행하게 된다. 두꺼운 옥상 녹화는 일반적으로 '익스텐시브(extensive)' 옥상 녹화로 알려져 있는데, 반면 얕은 깊이로도 설치가 가능하며 이를 '인텐시브(intesive)' 옥상 녹화라고 부른다. 인텐시브 옥상 녹화에서는 높이가 낮고 쉽게 복원되는 식재만 가능하다고 알려져 있다. 앨리슨 곽(Alison G. Kwok)과 월터 그론지크(Walter T. Grondzik)는 『The Green Studio Handbook』(2017, pp.71~76) 작은 나무의 경우 1m의 토양 깊이가 필요하고, 큰 나무의 경우는 1.8m가 필요하다고 명시하고 있다. 우리는 도시열섬 현상의 완화와 빗물 보존, 기분 전환, 생물의 다양성 및 홍수 완화 등의 추가적인 이점을 깨달아야 한다. 구조 설계 시 옥상 녹화의 추가 하중을 고려해야 한다는 점을 잊어서는 안 된다.

2012년 5월에 갱신된 영국환경청의 보고서 「London's Warning: The Impacts of Climate Change」에 따르면 2050년 여름의 온도는 현재보다 1.5~3.5℃(2.7~6.3℉) 더 상승하는데, 특히 도시열섬 현상으로 여름 밤 시간대의 온도는 5~6℃(9~10.8℉)가량 추가 상승할 것으로 예측한다. 도시의 갑작스런 폭우 발생 빈도의 증가와 산소를 공급하는 식재의 부족 현상을 고려해볼 때, 옥상 녹화는 기후 변화의 영향을 완화해줄 수 있는 주요 해결책의 하나로 간주되고 있다. 영국환경청 자료에 따르면 녹색 지붕을 사용하면 4~6kWh/m^2/yr의 에너지 저감 효과를 기대할 수 있으며, 이는 단열이 잘된 주택의 연간 난방 에너지 사용량과 비교해 대략 7~17%에 버금가는 수치이다.

열 손실 감소 - 단열 덧문

단일창에 덧대 이중창과 같은 보온 효과를 더한 덧문은 수십년간 활용되었지만 에어로젤*이라는 얇은 단열재가 새롭게 출현함으로써 특히 개보수 작업에 있어서 변곡점을 맞이하고 있다. 온라인 저널 《Sustainability》에 실린 기사 「A Novel Dynamic Insulation System for Windows」(2018)에는 마이클 그루너(Michael Gruner)와 바바라 마투시아크(Barbara Matusiak)가 진행한 실험 결과가 나와 있는데, 투명한 단열재로 만든 슬라이딩 덧문(이 경우는 외부)이 단열이 제대로 되지 않은 창의 열 성능을 패시브 하우스 수준까지 향상시켰음을 보여준다. 혁신적인 디자이너가 해결해야 할 흥미로운 문제 중의 하나는 24시간 동안 이용하는 장소(예를 들어 집이나 사무실 같은)에서 단열용 덧문은 주간 열 손실도 고려해야 하므로 일광 및 전망이 가능하도록 설계되어야 한다는 것이다.

* **에어로젤:** 고체상태의 물질로 젤에서 액체 대신 기체로 채워져 있는 형태.

홀과 니컬스는 『The Green Building Bible Volume 2』(pp.204~205)에서 단열용 야간 덧문과 단일창, 이중창 및 저방사 이중창의 열손실 및 증가를 비교하였으며, 후자의 조합이 전체 난방 기간에 순수한 열 증가를 가져다준다는 결론을 내리고 있다. 그들과 다른 몇몇 저자들은 두터운 커튼이 덧문을 대신할 수 있다고 주장한다. 리처드 피턴(Richard Fitton) 등이 솔퍼드(Salford) 대학의 에너지 하우스(1910년 영국 테라스 하우스의 매력적인 실물 크기 복제품)에서 진행한 실험 「The thermal performance of window coverings in a whole house test facility with single-glazed sash windows」(2017)에서 커튼의 보온 효과를 보여준다.

CHAPTER 4. 에너지와 실내 환경

우리는 실내에 사는 종족

메리 앤 스테인(Mary Ann Stean), 코엔 스티머스(Koen Steemers)가 쓴 『Environmental Diversity and Architecture』(2005, eds.)에 실린 닉 베이커(Nick Maker) 박사의 「Human Nature」는 불과 15세대 이전까지만 해도 인류는 대부분의 시간을 야외에서 보냈음을 일깨워준다. 현재 미국환경보호국의 보고서 「Report on the Environment」(2018, Indoor Air Quality 부분)의 통계에 의하면 우리는 건물 안에서 90% 이상의 시간을 보내면서 난방, 냉방, 조명 및 장비에 사용되는 에너지를 상당량 필요로 하며, 기후 변화의 위급상황 중심에 우리가 있음을 알려준다. 유럽연합 위원회에 따르면 2018년에 유럽 내 가정에서 소비한 에너지의 64%는 난방에 사용했는데, 이는 열적 쾌적함을 위한 에너지 및 탄소 비용 측면에서 태양에너지를 활용하여 매우 좋은 환경을 만들 필요가 있음을 보다 명확히 하고 있다.

직간접적 그리고 분리 방식의 태양열 획득

수많은 연구자들이 패시브 태양열 건축에서 태양에너지를 이용할 수 있는 여러 가지 접근법을 논의하고 있다. 해거드와 연구진의 「Passive Solar Architecture Pocket Reference」(2009, pp.9~10)에서는 6가지 시스템에 관한 적용법 및 각 성능에 관해 다이어그램을 활용하여 설명한다. 브라운과 디케이는 『Sun, Wind and Light』(pp.E.132~E.138)에서 크기 설계 전략 및 사례연구를 통해 패시브 태양열 집열기의 복잡성에 대해 보다 자세히 설명하고 있다. 각각의 기후대별 태양 방향의 유리면적 대비 전체 바닥면적 비율에 대해서는 이 책의 제5장을 참고하기 바란다. 수치는 직간접 및 별도로 획득한 태양열을 포함하여 총 유리창 면적에 관한 것이다.

직달일사 획득

직달일사 획득은 먼저 일사가 실내로 들어온 뒤 내부 표면에 떨어지고 그 열이 재방사되는 과정을 거친다. 축열체는 일반적으로 직달일사를 위해 사용되는데, 호주 정부의 「Your Home Technical Manual」(Thermal Mass 부분)에 의하면, 온대 지방의 직달일사 설계는 높은 축열 성능의 바닥 구조체 노출 면적이 태양을 향한 창면적의 약 6배는 되어야 최대의 효과를 얻을 수 있음을 추정하게 한다. 또한 창문의 방향이 중요한데, 정오 태양 방위각을 기준으로 약 30° 이내에 있어야 한다. 열 획득량은 열 손실량보다 커야 하는데, 홀과 니컬스의 『The Green Building Bible, Volume 2』(p.205)에서는 효과적인 일사량 획득을 위한 창문은 낮은 열관류율을 가져야 하며, 야간에도 단열이 잘 되어야 한다고 결론짓는다(내부 덧문에 관한 앞장 참조).

햇볕이 드는 온실

브라운과 디케이의 연구 『Sun, Wind and Light』(pp.E.134~136)를 통해 우리는 온대 기후에서는 남쪽에 면한 햇볕이 드는 공간(남반구의 북향)의 유리면적이 난방이 필요한 건물 바닥면적의 10~20% 정도 되어야 한다는 것을 추론할 수 있다. 유럽의 연구 프로젝트 'EASITE: Evilitation of Architects in Solar Energy and Environment' 등 다양한 연구에 따르면 적절한 주향 설정(즉, 태양을 향한 방향 또는 약 30° 이내의 방위각)과 차양 장치가 설치된다면, 햇볕이 드는 온실의 적용으로 에너지 저감 효과는 15~30%에 달한다고 한다.

안타깝게도 설계자와 거주자의 온실에 대한 이해 부족으로 건물의 성능이 현저히 저하되는 경우가 종종 발생한다.

- 여름철에 일사는 차단되어야 하는 동시에 모인 열은 환기를 통해 배출해야 한다. 즉 온실에 모인 열이 실내로 유입되지 않도록 내부를 향한

문은 개방되지 않아야 한다.

- 겨울철 온실은 열적 완충공간 역할을 하는데, 화창한 날 잠깐 동안의 온실 운용(외부로는 차단되어 있고 실내로는 개방)만으로도 난방 효과를 얻을 수 있다.
- 화창한 가을과 봄날에 온실이 실내를 향해 열려 있고, 외부로 차단되어 있다면 실내공간에 유용한 열을 충분히 제공할 것이다.

온실 내에 축열체를 두면 온도 변화 폭을 효율적으로 제어할 수 있으며, 우수한 단열 성능의 고성능 유리는 그 성능을 극대화할 수 있다. 영국의 GreenSpec(온실 관련 부분)은 설계 요소에 관해 유용한 내용을 제공하고, 열 저장 방법을 보여주는 도표를 제시한다. 만약 야간에도 온실의 단열이 잘 된다면 그 성능은 보다 더 향상될 것이다.

따뜻한 공기는 차가운 쪽으로 이동한다.

이것은 외부에서 실내로 이동하는 공기의 흐름이나 실내공간 간 공기의 흐름이나 동일하게 통용되는 원리이다. 해거드 등의 연구진은 「Passive Solar Architecture Pocket Reference」(p.7)에서 사람과 환경 사이의 에너지 교환 과정에서 발생하는 열원과 방열에 관한 유용한 도표를 제공한다.

트롬브 벽

태양 공학(Solar Engineering)의 선구자인 프랑스 엔지니어 펠릭스 트롬브(Félix Trombe)의 이름을 따서 붙인 트롬브 벽*은 유리를 통과한 단파 적외선 복사에너지가 유리 뒤편의 높은 축열 성능의 구조체 벽을 가열하는 원리를 이용한 것이다. 벽은 다음과 같이 작동한다.

* **트롬브 벽**: 축열체 원리를 적용한 구조 벽체.

- 태양이 벽을 가열한다.
- 축열체에 저장된 열은 시간이 지나면서 아주 천천히 벽 너머 실내공간으로 열을 전달한다.
- 동시에 유리와 축열체 벽 사이에 가열된 공기는 연돌 효과에 의해 상승하게 된다.
- 트롬브 벽에 배기구를 설치하면 태양열을 통해 생성된 따뜻한 공기를 실내로 지체 없이 전달할 수 있다.

홀과 니컬스의 『The Green Building Bible Volume 2』(p.206)에 따르면 트롬브 벽이 연돌 효과를 얻기 위해서는 최소 1m 높이가 필요하다고 명시하고 있다. 이러한 트롬브 벽 설치로 외부 시야가 차단되어 문제가 될 수 있는데, 이것은 창문틀 아래 벽체 면적을 활용함으로써 어느 정도 해결할 수 있다. 경험적 원리에 따라 트롬브 벽의 적정 면적을 결정하는 것은 쉽지 않은데, 그 이유는 기후 지역에 따라 여건이 달라지기 때문이다. 그러나 주택의 경우 전체 연면적의 10%(온실: 유리면적과 동일하게)가 합리적인 트롬브 벽 면적의 기본이 될 것이며, 1,000m^2 2층 건물의 경우 그 절반 정도가 된다.

브라운과 디케이는 『Sun, Wind and Light』(pp.E.137~E.138)에서 미국 기후에서의 트롬브 벽 두께는 300~400mm가량 확보해야 한다고 명시하는데, 배기구가 없는 트롬브 벽의 경우 그 두께가 250~350mm까지 가능하다고 언급한다.

유리와 벽 사이의 치수에 관한 명확한 기준은 없지만 대부분 트롬브 벽의 건축적 사례를 보면 아주 작아도 가능하다. 트롬브 벽은 야간이 추운 지역에 적용될 가능성이 높기 때문에 유리 외피가 열 손실의 원인이 될 수 있으므로 밤에는 단열되어야 한다. 즉 작동 가능하고 분리된 외부 덧문이 자주 사용된다.

수벽

데이비드 베인브리지(David Bainbridge) 교수는 'Motherearthnews.com'에 게재한 기사에서 수벽 디자인과 시공에 관해 고려해야 할 여러 가지 상세한 사항들을 제시한다. 그는 수벽이 외기에 의해 냉각될 수 있는 위치에 있다면 그 저장된 냉기를 건물 안쪽으로 끌어들일 수 있다고 강조하면서, 수벽에 사용될 용기의 부피에 관한 지표를 제시하였다. 시야가 막히는 문제를 해결하기 위해 물통을 냉온저장고로 사용하는 예가 있으며, 이러한 해결방안은 이 책의 제5장에서 한대 기후를 위한 전략 도구로 설명하고 있다.

옥상 연못

미국 캘리포니아주의 아타스카데로에 위치한 '더 스카이섬 하우스(The Skytherm House)'는 축열 방법의 시험대였다. 가변형 단열 주머니가 고안되었고, 이를 활용하여 야간 동안의 열 저장이 용이해졌다. 야간 단열은 지붕을 통한 밤하늘로의 열 방사를 막아주고, 실내공간으로 서서히 열 전달을 유도한다. 옥상 연못은 냉각에도 사용될 수 있는데, 이 경우에는 연못이 낮 동안 일사로부터 보호되어야 하는 동시에 단열도 되어야 한다. 옥상 연못 디자인에 관한 정보는 브라운과 디케이의 『Sun, Wind and Light』(2001, pp.E.143~144)에서 찾아 볼 수 있다. 에윱 샤리피(Ayyoob Sharifi), 요시키 야마가타(Yoshiki Yamagata)의 「Roof ponds as passive heating and cooling systems: A systematic review」(2015)에는 중요한 디자인 주제와 유용한 참고 문헌들에 관한 비평이 실려 있고, 브라운과 디케이는 얕은 연못을 강조한다. 그들 역시 옥상 연못이 대부분의 기후대에서 유익할 수 있다는 결론을 내리고 있다.

지열 교환 파이프

지표면 아래 온도는 계절에 따라 변하지만, 영국 지질 조사국에 따르면 영국에서 약 15m 깊이 지점의 지중 온도는 8~11℃(46.4~51.8℉) 정도로 연평균 기온이 안정적이다. 이것이 흔히 땅 밑의 온도에 관해서 논할 때 인용되는 일반적인 경험적 원리의 기본인데, 말하자면 지표면 아래 온도는 10℃(50℉)이며, 이러한 보편적인 원리는 여러 온대 기후와 더운 여름과 추운 겨울 기후대에 적용된다. 열은 지구라는 고축열체를 통해 매우 천천히 전달되기 때문에 온도는 상당히 일정하게 유지된다. 실제로 15m 미만 깊이에서는 지구 온도에 변동이 일어난다.

이러한 태양에너지 시스템에서는 파이프 코일이 지면에서 열을 추출하는 냉매로 채워진다. 지열 히트펌프(GSHP)는 낮은 등급의 열로 유체의 온도를 상승시키며, 이것은 바닥 난방시스템의 물을 가열하기에 적합하다. 열원은 또한 공기를 가열하는 데 사용될 수도 있다. 부다흐와 샤플리스는 『Environment, Technology and Sustainability』(pp.113~115)에서 다양한 유형의 히트펌프와 그 작동 개요에 관해서 상세하게 설명한다. 또한 지구에서 추출되는 에너지 1kW당 필요한 파이프 길이에 대한 경험적 원리를 30m로 정의한다. 곽과 그로즈닉은 『The Green Studio Handbook』(pp.157~163)에서 다양한 구성 디자인을 시험하고 시스템의 샘플 크기를 설정한다. 코일 및 지열 히트펌프 시스템의 단점은 전기(태양으로부터 공급될 수 있음)로 구동되며 저온 온수(약 40℃[104℉])로만 생산할 수 있다는 점이다. 파이프 코일이 너무 많이 겹치거나 밀집되면 지반에서 많은 열이 빠져나가고 태양이 장기간에 걸쳐 이를 보충하지 못할 수 있기 때문에 시스템의 효율성이 떨어진다. 지열 히트펌프의 성능계수(COP)로 측정되는 효율성은 매년 개선되고 있다.

열 회수 시스템

열 회수 시스템의 원리는 부엌이나 욕실과 같은 구역에서 발생하는 열을 회수하여 난방이 요구되는 거실이나 침실과 같은 구역으로 열을 재분배하는 것이다. 일 년 내내 운영되는 열 회수 기계환기장치는 기밀 성능이 확보되거나 단열이 잘된 건물에만 적용되어야 하는데, 그렇지 않으면 실내공기가 의도와는 다르게 외기와 직접 열 교환을 지속하게 된다. 이러한 기밀 성능 및 단열 성능 확보는 에너지 효율을 추구하는 패시브 하우스* 기준의 전제 조건이다. 현재 많은 국가에서 신축 건물에 적용하는 패시브 하우스 기준은 다음과 같다:

* **패시브 하우스**: 첨단 외피 시스템을 이용하여 에너지 소비를 최소화한 건축물.

- 연간 단위 면적당 난방에너지 최대 사용량: 15kWh/m^2
- 기밀 성능: 시간당 0.6 환기율
- 건물 외피 최대 열관류율: 최대 0.15W/m^2/K
- 창호 최대 열관류율: 최대 0.8W/m^2/K

또한 패시브 하우스의 개축에 관한 기준으로, EnerPHit* 기준과 기준의 유용한 개요는 펠스메이커스의 『The Environmental Design Pocketbook』(pp.269~270)에 잘 정리되어 있다.

* EnerPHit: 기존 건물 대비 최대 90%의 에너지 저감을 목표로 '패시브 하우스 구성 요소를 사용한 품질 승인 에너지 개조' 인증서

계절 상호 간 열기 및 냉기 저장 시스템

계절 상호 간 저장법은 새로운 아이디어가 아니지만 소규모 단일 건축물과 대규모 지역난방 응용 분야 모두에서 저에너지 해결책에 대한 새로운 관심의 대상이 되고 있다. 프라운호퍼 태양에너지 시스템 연구소(Fraunhofer Institute for Solar Energy Systems)에서 진행한 프라이부르크의 선구적 저에너지 해결방안 계획을 포함하여 많은 연구 사례들이 있다. 1992년에 지은 어느 주택은 수소 기반의 계절별 열 저장 방식을 사용했으며, 계절 상호 간 태양열 저장이 가능할 수 있음을 입증했

다. 이탈리아에서는 1990년대 후반에 칼라브리아(Calabria) 대학에서 사무실 건물을 난방하기 위해 물을 기반으로 한 계절 간 저장소를 만들었는데, 물의 온도가 10월에도 70~80℃(158~176℉)까지 도달하여 겨울 내내 사용 가능한 온도를 유지하였다.

물은 단열이 잘된 용기에 담겨 있으면 열을 저장할 수 있는 수용 능력이 크고, 자력으로는 활성화될 수 없는 물리적 특성 등 다른 저장매체에 비추어 이로운 점을 갖고 있다. 펠스메이커스는 『The Environmental Design Pocketbook』(p.351)에서 일반적인 가정의 경우 열 저장 탱크 용량은 250L가 적합한 반면, 계절 간 저장에는 훨씬 더 큰 물탱크가 필요하다는 점을 언급한다. 셰인 콜클로프(Shane Colclough) 등은 「A year in the life of a Passive House with Solar Energy Store」(2011)에서 아일랜드 골웨이(Galway)에 소재한 23,000L(23m^3)의 계절 간 열 저장 장치가 있는 패시브 하우스 주택(250m^2)의 측정 결과를 제시하는데, 다른 수단과 통합하여 난방 기간을 단 2개월로 단축하였음을 알 수 있다. 저자는 액체에서 고체로 그리고 다시 고체에서 액체로 전달될 때 에너지를 저장하고 방출하는 상변화물질*이 계절 간 열 저장량의 크기를 유용하게 줄일 수 있음을 보여주고 있다. 그들은 또한 지역사회 전체의 난방 시스템이 일부 북유럽국가에서 일반적인 공동체로서 계절 간 열 저장 장치를 사용할 때, 효율성과 경제적 생존 가능성이 규모에 따라 향상됨을 보여준다. 멜버른에서는 혁신적인 CH2(Council House 2) 프로젝트을 위해 상변화물질의 대규모 에너지 저장 설비를 채택했다. 최근 상변화물질을 사용하는 열 저장 배터리의 급속한 혁신은 열에너지 저장 기술의 극적인 발전을 보여주고 있다.

* **상변화물질**: 어떤 물질이 고체에서 액체, 액체에서 고체, 액체에서 기체, 기체에서 액체 등 하나의 상태에서 다른 상태로 변하는 일종의 물리적 변화 과정을 통하여 열을 축적하거나 저장한 열을 방출하는 물질을 말한다.

자연환기

환기는 열적 쾌적감에 도움이 될 수 있는데, 활성화된 CIBSE의 TM40에 실린 「Health and Wellbeing in Building Services」에서 우리는 열적 쾌적감을 위해서는 건축물을 운영할 때 사용자에게 선택권을 제공하는 것의 중요성에 중점을 두고 있음을 확인할 수 있다. 자연환기가 되는 건축물에서는 외부적인 것이 내부환경의 원인이 될 가능성이 매우 높은데, 이 글에서는 외부 소음으로 화가 난 거주자가 창문을 닫을 때 자연환기가 되던 개구부를 차단해 실내에서 과열 현상이 일어날 수 있으므로 개구부에서 소음을 줄일 방법을 찾는 것이 해결책이 될 수 있다는 흥미로운 문제를 다루고 있다. 업데이트된 CIBSE의 안내서에서는 취약자, 노인, 어린이와 같은 '일반인'(오늘날 대부분의 매개변수의 기본) 이외의 사람도 고려하고 있다. 수석저자인 줄리 고드프루아(Julie Godefroy)는 이 내용을 소개하면서 쾌적함의 정의가 역사적으로 남성만을 대상으로 한 설문조사에 근거했다고 지적한다. 수 로프(Sue Roaf)와 퍼거스 니콜(Fergus Nicol)가 낙관적 관점으로 집필한 『Running Buildings on Natural Energy: Design Thinking for a Different Future』(2017)에서는 형태와 환기의 통로가 가진 중요한 역할과 적응형 쾌적 모델과 관련한 자연환기 방법, 그리고 자연환기에 관한 보다 새로운 개념을 연구한다. 흥미로운 점은 거주자와 건축물 사이의 관계가 발전할 것이라고 믿는 점이다.

자연환기가 쾌적함에 영향을 미치는 과정에서 상대습도가 중요한 역할을 하는데, 호주 정부의 「Your Home Technical Manual」(Passive Cooling 부분)에 따르면 50% 상대습도에서 0.5m/s의 공기속도는 3℃(5.4℉) 온도가 떨어지는 생리적 냉각과 동일한 효과를 준다고 한다. 더 높은 습도에서는 피부의 증발 냉각을 달성하기 위해 1.0m/s의 속도가 필요할 수도 있지만 그 이상의 풍속은 일반적으로 불편함을 갖게 한다. 자연환기를 사용하면 정밀한 쾌적감을 위한 내부환경이 잘 제어되지 않는다는 점을 기억할 필요가 있다. CIBSE의 규정집 「Natural Ventilation in Non-domestic Buildings」(2011, p.4)에서는 때때로 온도가 25℃(77℉)를 초과할 것이라 한다.

그러나 이 책의 다른 장에서 다루는 태양열 차양, 축열체 및 야간 환기와 같은 패시브 전략에 의존하는 경우에는 건축물이 열적 쾌적함의 조건을 초과하는 시간이 제한될 수 있으며, 그 와중에도 거주자는 주어진 환경에 적응해 나갈 것이다. 《Building Research and Information》에 실린 'Thermal pleasure in built environments: physiology of alliesthesia'(2015)에서 토머스 파킨스(Thomas Parkinson)와 리처드 드 디어(Richard de Dear)는 자연적으로 단련된 건축물의 온도 변화(예: 추울 때 따뜻함을 느끼는 것)는 긍정적인 특성으로 볼 수 있으며, 열적인 면에서 쾌적감을 건축물에 다시 가져다준다는 가설을 소개한다. 정상 상태의 중립성에 대한 이 질문은 필독해야 할 소논문 중의 하나인 리사 헤숑의 『Thermal Delight in Architecture』에서 열환경의 문화적, 영적 중요성에 대한 시적 담론, 그리고 환경디자인에서 주광 또는 음향과 동일한 가치를 지녀야 하는 다양한 열적 측면의 만족도에 대한 영감을 불러일으키는 주장을 우리에게 상기시켜 준다.

단일 면 환기

양면이 아닌 단일 면에만 개구부가 있는 실내에서는 그 창문이 외기의 흡입구 및 배출구 역할을 동시에 수행한다. 환경디자인, 건축가 및 엔지니어를 위한 개론서 『Environmental Design, Introduction for Architects and Engineers』(2006, p.125)에서 토머스는 단일 면 환기가 가능한 최대 실내깊이는 6m라는 경험적 원리를 제시한다. 『Environment, Technology and Sustainability』(p.83)에서 부다흐와 샤플리스가 설명하기를, 전형적인 수직형 새시 창처럼 위아래에 개구부가 달린 경우 차가운 외기가 낮은 곳으로 유입되어 연돌 효과로 상승한 뒤 상부로 배출되면서 여름철에 가장 효과적인 단일 면 환기 방식이 된다는 것이다. 상하부 개구부의 또 다른 장점은 공기가 정체된 실내공간에서도 공기의 온도 차에 의한 부력이 연돌 효과를 발생시킨다는 점이다. 지보니는 『Passive and Low Energy Cooling of Buildings』(1994, p.46)에서 단 하나의 개구부만 있는 경우 비스듬히 불어오는 바람의 영향이 상대적으로 크다 할지라도, 창 크기가 실내 공기 흐름에 미치는 영향은 미비하다고 설명한다. 자라 기아바클루(Zahra Ghiabaklou)는 「Natural Ventilation as a Design Strategy for Energy Saving」(2010, p.319)에서 수직 핀(날개 벽)이 개구부 바깥쪽에 설치되어 한 방향으로 열려 있다면 환기 성능을 향상시킬 수 있다고 주장한다.

맞통풍

바람이 개구부에 수직 방향으로 불어오든 사선 방향으로 불어오든 맞통풍은 일어난다. 일부 연구자들에 따르면 바람이 유입되는 개구부의 크기가 배출되는 개구부 크기보다 작을 때 맞통풍에 의한 환기효과가 극대화된다고 주장한다. 기하바클루의 「Design Strategy for Energy Saving」(Sobin, p.317)에서 바람의 유입구와 배출구 간 이상적인 비율은 1:1.25라고 하였고, 지보니는 『Passive and Low Energy Cooling of Buildings』(p.48)에서 이러한 바람의 유입구와 배출구 간 비율이 가장 빠른 풍속을 유도한다고 설명한다. 흐름의 속도는 두 개구부 중 보다 작은 것에 의해 결정된다. 구멍이 클수록 공기의 흐름과 속도가 빨라진다는 것은 널리 알려진 사실이다. 『Passive and Low Energy Cooling of Buildings』(pp.26~27, pp.46~49)에서 지보니는 바람의 유입구가 배출구에 비해 작을 경우 공기 속도가 빨라진다는 사실에 착안하여 이러한 배열은 냉각이 필요한 위치가 잘 알려진 침실과 같은 곳에 적용하는 것이 가장 바람직하다고 결론짓는다. 반면에 입구가 큰 경우는 실내 공기가 효율적으로 분산되므로 거실처럼 많은 사람이 사용하는 공간에 가장 적합할 수 있다. 『Sun, Wind and Light: Architectural Design Strategies』(2001, p.65)에서 브라운과 디케이는 풍속 및 냉각 용량과 관련하여, 바닥면적의 백분율로 환기 개구부면적을 결정하는 데 사용할 수 있는 표를 제시한다.

정면이나 창틀에 내장된 세류환기 장치는 자연환기 시스템, 특히 온대 기후 지역에서 일반적으로 사용되며, 단일 면 환기 및 맞통풍, 그리고 환기구와 통합된 것이 효과적이다. 특히 겨울철 실내 공기의 질이 유지되도록 환기시켜 준다. 그 효과는 필요할 때 닫히지 않아야 하기 때문에, 이에 관한 사용자의 지식과 관리가 중요하다. 아흐메트 빌러(Ahmet Biler)의 「A Review of Performance Specifications and Studies of Trickle Vents」(2018)에서 여러 가지 유형과 작동 원리에 관해서 상세하게 서술하며, 일반적인 효과와 함께 음향, 응축, 열 연계 및 수분 침투를 고려할 필요가 있음을 강조한다. 홀과 니컬스의 『The Green Building Bible Volume 2』(p.105)에서 이러한 통풍구는 벌레로부터 보호되어야 하며, 여름에 미세한 통풍 작용과 함께 음식 냄새와 습기를 제거하기 위해 열 수 있는 창문이 필요하다는 점을 추가로 언급한다.

연돌형 환기

건물 내부의 공기는 일반적으로 외부 공기보다 따뜻하며, 따뜻한 공기의 자연적인 부력은 연돌 효과를 가져온다. 연돌 효과의 효율성은 흐름이 정체된 부분의 상하단 온도 차이의 제곱근에 비례한다. 디자이닝 빌딩스 위키(Designing Buildings Wiki)에서는 고층 건물의 연돌 환기에 대한 간략한 개요를 소개하면서, 연돌이 가장 높은 층보다 한 층 높아야 한다는 원리의 기본인 '중성대(Neutral Plane)' 또는 내외부 압력 차가 맞닿는 부분의 중요성을 언급한다. 또한 태양에너지 작용에 따라 환기율을 높이기 위해 의도적으로 연돌 온도를 높여 연돌을 강화한다. 브라운과 디케이는 『Sun, Wind and Light』(pp.212~213)에서 바닥면적에 적합한 개구부 크기에 관한 도표를 제공한다. 연돌 높이와 환기에 의한 냉각 성능 사이의 관계는 사례를 통해 잘 설명되어 있는데(pp.E.229, E.230), 연돌에 대한 대안으로서의 타워와 높은 방을 활용한 맞통풍 및 연돌 효과에 의한 복합환기 원리를 평면 및 단면 다이어그램에서 잘 보여 준다.

지중 냉각

지구를 냉각시키는 데는 다양한 방법이 있으며 차양이 그 핵심이다. 호주 정부의 「Your Home Technical Manual」(Passive Cooling 부분)에서는 건축물 주변의 지면 온도를 낮추기 위해 유입된 공기를 식힐 냉각매체로 식물과 그늘진 습지의 사용을 장려한다. 지보니는 『Passive and Low Energy Cooling of Buildings』(pp.15~17)에서 지구 온도를 낮출 방안을 실험하는데, 실외 최고기온과 냉각된 지구의 온도 차이는 건조한 기후에서는 12~14℃(21.6~25.2°F), 습한 지역에서는 10~12℃(18~21.6°F) 정도 나타난다고 한다.

물을 사용한 냉각은 물 공급이 풍부한 지역과 위치에 따라 다를 수 있지만, 물 공급 및 수요에 대한 세계적인 관심이 증가함에 따라 이 방법은 적용하는 데 한계가 있어 보인다.

자연냉각 - 옥상 연못

지보니는 『Passive and Low Energy Cooling of Buildings』(1994, p.155)에 나온 멕시코에서 진행한 실험을 통해 옥상 연못을 낮 동안 그늘지게 하고 단열한다면 실외온도 35℃(95°F) 대비 실내온도를 22℃(71.6°F)까지 낮출 수 있다는 결론에 이른다. 더 많은 정보와 참고 문헌은 이 책 232쪽의 옥상 연못을 활용한 자연난방 부분에서 확인할 수 있다.

공기를 이용한 지중 냉각 파이프

반 렌젠의 『The Barefoot Architect』(pp.240~242)에서는 건조한 열대 기후에서 사용하는 지중 환기 파이프를 언급하면서 약 2m 깊이로 묻은 직경 100mm의 점토 파이프를 사용할 것을 제안한다. 펠스메이커스는 『The Environmental Design Pocketbook』(p.186)에서 여름에 지중의 덕트가 공기를 5~10℃ 미리 냉각할 수 있으며 팬을 사용하는 경우 태양광 패널로 전력을 공급할 수 있다고 말한다. Sk. 탠저 아흐메드 시디크(Sk. Tanzer Ahmed Siddique) 등의 시스템 리뷰 「Earth Pipe Cooling Strategy in Buildings: A Sustainable Approach」(2018)에서는 덥고 건조한 기후의 극한온도에서는 지중 파이프가 비효율적일 수 있기 때문에 증발냉각과 같은 다른 자연시스템과 연결을 제안한다. 검은 꼬리 프레리독의 생체모방연구소 웹사이트(asknature.org)의 기사 「Asymmetric burrow openings create passive ventilation」(July 2020)에서는 자연냉각을 이용한 프레리독의 지하세계를 묘사하고 있으며, 그 기술은 건축계에서 생체모방 사례로 자주 인용된다.

현재의 정보는 제한적이지만, 지구 냉각 파이프에 대해 몇 가지 새로운 규칙이 있다.

- 지반의 낮은 온도를 안정적으로 이용하기 위해서는 최소 1.8m 깊이까지 파이프를 매설해야 한다.
- 곰팡이가 생기기 어려운 소재로 100~300mm 직경의 파이프를 사용해야 한다.
- 대규모 건물에는 수백 미터가 필요할 수 있지만, 파이프 길이가 50~70m일 때 냉방 효과가 가장 뛰어나다는 연구 결과가 있다.
- 토양의 온도가 원하는 실내온도보다 높을 경우에는 반대로 파이프에 유입되는 공기를 가열하여 난방용으로 사용할 수도 있다.
- 지하 파이프는 곰팡이가 생길 우려뿐만 아니라 습한 실내공기가 응축

해 발생하는 결로 등의 이유로 일반적으로 고온다습한 기후에서는 권장하지 않는다.

- 파이프의 매설 범위와 그에 필요한 굴착 작업 때문에 단지 냉각 용도로만 계획한다면 비용상 효율적이라 할 수 없다.

추가 정보와 유용한 참고 자료는 builditsolar.com에서 찾을 수 있다.

조명 에너지 저감을 위한 주광의 활용

인공조명은 전기를 사용하는데, 에드워즈는 『The Rough Guide to Sustainability』(pp.111~117)에서 햇빛을 이용한 전략이 왜 중요한지 설명한다. 즉 전기는 다른 주요 공급원에서 나오는 에너지보다 이산화탄소 발생 측면에서 2배의 피해를 줄 수 있기 때문이다. 따라서 에너지 사용을 줄이려면 햇빛과 같은 천연자원을 사용하도록 해야 한다. 영국 카본 트러스트(Carbon Trust)의 「Lighting Overview Guide」(2017, p.22)에서는 건물 유형별 총 전기 소비 비율로 조명전기 에너지의 백분율 범위표를 제시하면서 경비 절감 가능성을 언급한다. 경영진 및 직원 교육만으로는 10%, 구식 조명을 LEDs로 바꾸면 80%까지 절감할 수 있다는 것이다.

참고할 만한 다른 안내서로서는 CIBSE의 「Lighting Guide 10: Daylighting - a guide for designers」(2014)가 있는데, 여기에는 주광과 건강 그리고 안락의 연계성(p.iv)뿐만 아니라 폭이 깊은 평면의 건축물에서 사용하는 인공조명의 높은 탄소비용(pp.3~4)을 다룬다. 흐린 날, 외부 수평면 기준, 일조량에 대한 실내 일조량의 비율을 주광률(DF)*이라고 한다. 『The Green Studio Handbook』(pp.79~84)에서 곽과 그로즈닉은 주광률의 중요성을 논한다. 국가별 고유의 일조 요구사항 표준이 있지만 여기서는 건물 및 각 공간 유형별 디자인 목적에 따른 주광 설계를 제안한다. 토머스는 『Environmental Design, an

Introduction for Architects and Engineers』(2006, pp.98~99)에서 설계자는 실내로 유입되는 일조량과 의도하지 않은 열 손실 및 열 획득 간의 균형을 맞추어야 한다는 점을 강조한다. 토머스와 곽, 그로즈닉은 작업 평면에 주광률이 5%를 초과하는 경우 실내가 밝아 보이는 반면 2% 미만에서는 어두워 보일 것이라는 일반적인 원리를 재차 강조한다. 실내 어딘가는 근무 시간 동안 인공조명이 거의 필요 없는 공간이 있을 것이다.

* **주광률**: 구조물 내부와 외부 조명 수준의 비율

DF = (Ei/Eo)×100%

Ei: 실내 작업면의 한 지점에서 주광으로 인한 조도

Eo: 수평면의 동시 실외 조도

CIBSE의 TM40에 실린 「Health and wellbeing in building services」에서는 건강상 빛의 비시각적 효과에 대해 다룬다. 금세기 초 인간의 눈에 있는 새로운 수용체의 발견은 24시간 주기 리듬과 수면, 건강 및 각성에 미치는 빛의 영향에 대한 이해를 높여 주었으며 양질의 주광이 강조되면서 수면에 부정적인 영향을 미치는 청색 스펙트럼 LED에 관심을 갖게 했다.

측면 빛을 위한 창문 크기

측면 창 크기에 관한 몇 가지 연구에 따르면 작업장 수평면 높이보다 아래에 위치한 창문은 실내의 자연채광에 기여하는 정도가 미비하거나 거의 없다는 점을 지적한다. 그러나 휠체어 사용자나 침대 위에서 거동이 어려운 사람들의 눈높이를 고려할 때 자연과 시야와의 접촉이 가장 중요한 요소로 간주될 수 있음을 기억해야 한다. 토머스는 『Environmental Design, an Introduction for Architects and Engineers』(2006, p.100)에서 주광률과 실면적 및 창문면적 간의 경험적 원리에 관한 공식을 증명해 보이고 있다. 평균 일조 DF = 20(A_g/

A_f)%(A_g: 유리면적, A_f: 바닥면적), 인공조명이 필요한 시간을 최소화하기 위해서는 주택 거실면적 20m^2 기준으로 2.5% 주광률이 요구되는데, 이를 달성하려면 창면적이 2.5m^{2}가 되어야 하고 이는 벽면적의 약 25% 수준이며, 저에너지 전략 기준으로 권장되는 20%보다 약간 큰 수준이다. 이를 통해 유추할 수 있는 것은 하나의 방에 충분한 양의 주광을 균일하게 배분하기가 어렵다는 것이고, 동시에 계산 및 모델링(헬리오돈과 인공 하늘을 이용한 물리적 또는 IES와 같은 모델링 소프트웨어의 활용)이 필요하다는 것을 보여준다. 그럼에도 경험적 원리에 기반한 접근법은 설계자의 디자인 의사결정에 있어 명확한 근거를 제공한다.

창문 높이와 방의 깊이

자연채광의 문제점은 주광이 창문을 통해 깊숙이 들어갈수록 자연채광의 성능이 급속하게 감소한다는 점이다. 해거드는 『Passive Solar Architecture Pocket Reference』(2009, p.67)에서 자연채광의 실내 도달 범위를 최대화하는 창문의 높이와 실내공간 깊이에 대해 단면도를 활용하여 알기 쉽게 설명한다.

- 창문 높이와 천정고 높이기
- 자연채광 선반 설치하기
- 천장을 실내 방향으로 기울이기
- 높은 반사율의 내부 마감

『Environmental Design, an Introduction for Architects and Engineers』(2006, p.98)에서 토머스 역시 높은 곳에 위치한 창문은 방 안 깊숙이 자연채광을 드리우며, 동시에 자연채광 분포의 균일성도 더욱 높아짐을 설명한다. 다음 방정식은 방 크기와 창 높이 사이의 적절한 관계를 결정하는 데 사용된다. $L/w + L/h \leq 2/(1-R_b)$ 여기서, L과 w: 각각 방의 길이와 너비, h: 바닥 위로부터의 창 높이, R_b: 방의 가중 반사율(일반적으로 0.5로 가정) 방정식의 왼쪽 값이 오른쪽 값보다 크거나 같으면 해당 공간의 자연채광 성능은 떨어질 것이다.

천창 및 상부의 자연채광

완전히 흐린 날에도 약 5,000lux 수준의 채광이 머리 위로 떨어지기 때문에 천창 및 상부의 자연채광을 고려하는 것이 유리하지만, 늘 그렇듯 채광과 열 손실 간의 균형을 잘 조절해야 한다. 랜들 토머스는 『Environmental Design, an Introduction for Architects and Engineers』(2006, p.100)에서 지붕 조명을 통한 평균 일광계수는 다음과 같이 주광률 DF=50(A_g: 유리면적/A_f: 바닥면적)%으로 명시한다. 만약 20m^{2}의 방에서 요구되는 주광률이 5%라면 지붕 유리면적은 대략 2m^2 정도가 필요하다. 앞서 언급한 경험적 해법을 동일한 공간의 측면 채광에 적용해 본다면 대략 5m^{2}의 유리가 필요함과 동시에 반사율, 색상, 방 모양 및 창 디자인에 있어 주의가 요구되며, 이는 천창을 통한 자연채광의 뛰어난 점을 반증하는 것이다. 『Environmental Design Pocketbook』(p.168)에서 펠스메이커스는 열 손실을 방지하는 차원에서 바닥면적 대비 천창 채광을 위한 면적을 최대 2%로 제한하고 있다. 열대 기후에서는 높은 태양고도로 인해 얻게 되는 일사의 열기가 천창 면적의 제한과 차양 그리고 유리 자체의 성능 등을 이용하여 극복해야 할 과제이다.

『Passive Solar Architecture Pocket Reference』(2009, p.68)에서 해거드는 흔히 (북반구에 위치한) 공장, 작업장 및 스튜디오의 북향 채광에 자주 사용되는 지붕 돌출창의 사용을 제안한다. 그럼에도 그들은 태양 궤적을 따라 (적도를 향한) 방향을 바꾸도록 제안하고 있으며, 이 방향에서 창면적은 바닥면적의 약 4%까지 줄일 수 있는데 이러한 접근을 통해 겨울철 태양열의 혜택을 받을 수 있음을 언급한다. 적도 반대쪽을 바라보는 지붕 돌출창의 주요 이점은 채색 및 눈부심 관련 문제가 발생하지 않는다는 것이며(적도 반대편에서 오는 빛은 색상이 중립적이고 하루 온종일 일정함), 덕분에 '북측 조명'은 장인과 예술가들이 선호한다. 그러나 현대의 창호 기술과 눈부심 및 균일성 조절 기능을 장착한 지붕 돌출창에 신빙성을 부여할 필요가 있다. 특히 겨울철 태양열을 활용할 수 있는 경우라면 더욱 그러하다.

밝은 색상의 인테리어, 반사와 창문면적

흰색 페인트는 85%의 반사율을 보이는 반면, 밝은 회색 페인트는 70%, 그리고 어두운 카펫은 10%의 반사율을 나타낸다. 피터 실버(Peter Silver)와 윌리엄 매클레인(William McLean)은 『Architectural Technology』(2013, p.106)에서 실내 표면의 반사율 값은 벽의 경우 최소 50%, 천장의 경우 70%, 바닥의 경우 30% 이상이어야 한다고 주장한다. 실내 표면의 반사율과 벽에 대한 창문의 비율(Window-to-Wall, WWR) 사이에는 수학적 관계가 형성되어 있다. 밝은 색의 실내와 비교해 볼 때 실내가 어두운 경우 벽 대비 창문의 비율은 거의 두 배가 되어야만 동일한 실내환경이 조성된다. 실내공간의 깊이와 내부 반사율 간의 관계는 방정식 $L/w + L/h \leq 2/(1-R_b)$로 표현된다(여기서, L과 w: 각각 방의 길이와 너비, h: 바닥 위로부터의 창 높이, R_b: 방의 가중 반사율). 일반적으로 Rb가 0.5라고 가정하고, 방정식의 왼쪽 항이 4보다 작거나 같으면 단일 벽에 창문이 있는 실 전체 깊이를 균일하게 채광하게 될 것이다.

에너지 사용량에 영향을 미치는 외부의 색채

지보니는 『Passive and Low Energy Cooling of Buildings』(1994, pp.30~33)에서 건물의 외부 색상이 에너지 사용량에 미치는 영향에 관한 연구를 소개한다. 일반적으로 색상은 프로젝트에 추가 비용이 들지 않기 때문에, 반사율이 높은 밝은 색상의 외피는 에너지 사용량뿐만 아니라 태양열까지도 제어할 수 있는 매우 효과적인 접근법이라고 할 수 있다. 건조한 지역과 같이 일교차가 매우 큰 지역에서 특히 그 효과가 증대된다. 온화한 중위도 기후에서 북측(남반구에서는 남측) 면의 색상은 에너지 소비에 거의 영향을 미치지 못하지만, 이른 아침과 늦은 오후의 강렬한 태양이 내리쬐는 적도를 향한 반대쪽 입면에서는 색상이 다시 한 번 중요해진다.

『Design with Climate, Bioclimatic Approach to Architectural Regionalism』(1963, pp.86~87)에서 올게이는 건물의 지붕은 여름에 다른 어떤 표면보다 더 많은 일사를 받으며, 위도와 상관없이 지붕이 열 획득에 있어 가장 중요한 요소가 된다는 점을 강조한다. 냉각 지붕(Cool Roof)에 관한 아이디어는 태양에너지를 반사하여 냉방 부하를 줄여주는 개념으로써 최근 연구 주제로 많이 다루고 있다. 더운 지방이나 더운 여름철에 냉각 지붕을 도입하게 되면 적어도 10%의 에너지 절감이 가능하다. 'EU Cool Roofs Council'에서는 냉각 지붕의 사용은 여름철이 무더운 기후대에서 유용할지 몰라도, 겨울철에는 오히려 유용한 태양열을 반사함으로써 난방 에너지 요구량을 증가시키는 결과를 초래할 수도 있음을 지적한다. 이러한 기술의 양면성은 에너지를 절약하고자 하는 설계자에게 딜레마를 갖게 한다. 최근 이러한 딜레마에 대한 해결책으로서 계절에 따라 지붕과 입면의 태양광 반사율과 흡수율을 변화시킬 수 있도록 형태와 색상을 변경할 수 있는 건축 제품에 대한 연구가 진행되고 있다. 고급 모델링 기술을 사용하는 아나 로라 피셀로(Anna Laura Pisello) 등의 연구 「How microclimate mitigation affects building thermal-energy performance in residential zero energy Italian settlements」(2017)에 의하면, 외부에는 시원한 재료를 사용하고(높은 반사율 혹은 태양광 반사율을 지닌 재료), 그늘을 제공하는 수목을 심는 것과 결합하면 건축물 주변의 미기후를 변경하여 외부환경을 편안하게 개선하고 건축물 에너지 소비를 줄일 수 있다는 것이다.

단순함을 유지하기

펠스메이커스는 『The Environmental Design Pocketbook』(pp.27~28, 176)에서 거주자 행동이 건물의 성능에 미치는 영향을 논하고 있는데, 그중 한 가지 주제는 사람들이 그들을 둘러싼 환경에 대한 직관적인 통찰력이다. 예를 들면 우리는 자연환기를 선호하는 경향이 있기 때문에 북유럽에서 더운 날 태양열 차단을 위해 셔터, 창문, 문 등을 닫아 건물을 밀폐하는 것은 이러한 우리의 직관에 반하는 행동이 될 수 있다. 하지만 이러한 행위는 정당화될 수도 있다. 요지는 사용자 입장에서 건물의 운영방식은 간편해야 하고, 이를 통해 환경을 효율적으로 제어할 수 있어야 한다는 것이다. 최근 업데이트한 CIBSE의 TM40에 실린 「Health and Wellbeing in Building Services」에서도 거주자에 의한 제어를 주요 문제로 간주한다.

데이비드 클라크는 『What Colour is Your Building?』의 제6장에서 신축 및 개축 프로젝트에서 에너지 소비를 줄이기 위한 '10단계'를 제시한다. 비어 있는 건축물은 에너지 사용이 거의 또는 전혀 없다는 점을 생각해 볼 때, 간단한 방법으로 에너지 사용을 감소시키기 위해서는 거주자의 행동과 건물이 연동되어야 함을 알 수 있다. 보칼더스와 블록은 『The Whole Building Handbook』(p.277)에서 이 주제에 주목하여 가정에서 사용하는 에너지는 사용자의 행동과 습관에 따라 50% 정도 차이가 날 수 있다는 점을 알려주며, 에너지 절약의 속성을 쉽게 만드는 것이 중요하다는 점을 명확하게 설명한다. 이오아누는 「Thermal Comfort and Energy Related Occupancy Behaviour in Dutch Residential Dwellings」에서 약간 다르게 설명하는데, 실제 연구 프로젝트에서는 에너지 효율성 측면에서 거주자의 환기 및 난방 온도 조절장치 제어가, 열 외피(벽과 창문의 열관류율)의 영향보다 훨씬 더 크다는 결론을 내리고 있다.

명확한 지침을 제공하라

신축 건물에는 일반적으로 완공 후 고객에게 제공되는 유지보수에 관한 설명서가 있다. 이 설명서에는 무엇보다도 건물에 내장된 장치와 이를 조절하기 위한 지침 및 보증, 그리고 수리 및 유지보수 절차가 포함되어 있다. 반면 실내환경을 제어하는 명확한 운영 매뉴얼은 제공되지 않는다. 사용자가 이해할 수 있는 형식으로 작성된 필수 정보가 제공되지 않으면 건축물의 에너지 사용을 최소화하면서 쾌적함을 도모할 방법을 알 수 없을 것이다.

제5장 다양한 기후대를 위한 해법과 전략

인간이 갖는 쾌적감과 마찬가지로 세계의 기후대에 대한 정의는 다양하며, 서로 다른 분류체계가 존재한다. 그러나 일반적으로 기후 변화에 대응하는 건축 분야의 수많은 연구(지보니, 부다스와 샤플리스, 해거드 등)과 이를 가르치는 사람들은 1880년대부터 널리 알려진 쾨펜 기후대 분류의 단순화한 버전을 주로 사용한다. 단순화한 기후대 분류는 일반적으로 고온건조, 고온다습, 한대 그리고 온대 기후대로 나뉜다. 지보니는 이에 추가로 추운 겨울과 더운 여름 기후대를 언급하였는데, 이 책에서도 다섯 가지 기후대를 다루고자 한다. 『Environment, Technology and Sustainability』(2010, pp.14~15)에서 부다흐와 샤플리스는 각 기후대의 특성에 관해서 간결하게 설명하는데, 이것은 지보니가 작성한 『Climate Considerations in Building and Urban Design』(1998, pp.333~441)의 내용과는 사뭇 다르다. 따라서 필자는 이후에 나열한 기후대의 항목에 따라 적용 가능한 각 기후대에서 예상되는 내용을 요약해서 제공하고자 한다.

마지막 장에서는 각 기후대에 적용되는 건축적 원리를 제시하고, 이들을 삽화를 통해 설명하고자 한다. 각 지역의 건축적 원리를 설명하기 위한 수단으로써 가상의 건축물을 활용한다. 기존의 다양한 책과 참고문헌이 본 장의 내용에 많은 정보와 영감을 제공하였다. 매우 의미 있고 그래서 자주 인용되는 올게이의 『Design With Climate』(1963)는 2015년에 개정되어 나왔는데, 여기서 널리 사용되는 문구인 생물기후(Bioclimatic)의 디자인 개념을 소개한다. 그는 인간이 갖는 쾌적감에 있어서 유익한 기후 특성과 불리한 기후 특성을 명확히 분리하여 설명한다. 하이드는 『Climate Responsive Design』(2000)에서 올게이의 연구를 그 출발점으로 하고, 더 나아가 미시 기후, 자연환기 전략, 그리고 특히 열대 기후대에서의 구조적 대응전략을 다루었다. 친환경 안내서의 고전격인 반 렌젠의 『The Barefoot Architect』(2008)는 1981

년에 처음 출판되었는데, 다습한 기후, 건조한 열대 기후 및 온대 기후 지역에서의 소규모 건축물을 짓는 방법에 대한 실용적인 조언들을 담고 있다. 반 렌젠의 다이어그램들은 남반구에 위치한 지역을 대상으로 그린 것임을 염두에 두어야 한다. 1998년 발행된 지보니의 『Climate Considerations in Building and Urban Design』는 시공 안내서로 저술된 것은 아니지만, 각 지역별 기후 반응형에 관해 보다 상세한 내용을 다루고 있다. 해거드 등은 『Passive Solar Architecture Pocket Reference』(2009, p.60)에서 다양한 기후대별로 필요한 냉방 전략을 정리한 표 등을 제공하는데, 이는 그들이 출간한 책의 세부내용을 참고하였다. 버나드 루도프스키는 『Architecture Without Architects』(1981, 1964년에 초판 출간)에서 토착건축 및 역사적으로 계보가 없는 건축물들의 사진을 통해 기후 반응형 건축의 우수성을 입증하였으며, 결과적으로 인류는 수백 년 동안 광범위한 기후대에 걸쳐 늘 자원이 부족한 상태에서도 쾌적한 조건을 유지해왔음을 보여준다.

고온건조한 기후

적도를 기준으로 북위 및 남위 15~30°에서 찾아볼 수 있는 이 기후대에서는 주요 쟁점을 여름철 냉방에 둔다. 그러나 일부 건조하지 않은 지역에서는 상대적으로 온난한 겨울을 지나는 반면 일부에서는 겨울이 매우 춥기 때문에 겨울철 난방이 요구된다. 지보니는 『Climate Considerations in Building and Urban Design』(pp.333~342)에서 이 기후대에 필요한 설계자의 대응책에 관해 상세하게 설명한다. 주간 최대온도는 50℃(122℉)까지 도달하기도 하는데, 대부분의 고온건조 지역에서는 낮과 밤의 커다란 일교차를 이용한 바람으로 여름철 밤에 주로 냉각 환기를 한다.

경험적 원리를 표현한 다이어그램의 전략을 적극 활용한다면 여름철 실내 최대온도가 실외 최대온도에 비해 10℃(18℉)가량 낮아질 수 있다.

『The Barefoot Architect』(pp.224~266)에서 반 렌젠은 고온건조 지역의 냉방법에 대해 논하고 있는데, 특히 바람을 이용할 수 있는 윈드 타워와 바람을 실내로 유도하는 윈드 캐처에 관한 정보를 제공한다. 그는 추가적으로 그늘진 안뜰, 정밀하게 계획된 환기구, 지하 냉각 파이프와 밝은 표면 색상 등, 전통적인 냉각 방법까지 밝히고 있다. 고대 페르시아의 발명품인 윈드 캐처는 루도프스키의 『건축가 없는 건축』(1981, figs.113~115)에도 등장한다. 윈드 캐처는 야간 냉각을 위해 여름철 밤 시간에 샤프트를 통해 바람을 끌어들이는 기능을 한다. 낮에는 뜨거운 공기가 유입되는 것을 방지하기 위해 타워 내부의 셔터나 칸막이를 닫아 열기가 유입되는 것을 방지한다. 고온건조 기후대의 겨울에는 태양을 향한 바람유도장치의 오목한 면을 통해 주간의 공기가 유입될 수 있도록 셔터가 열리고, 그렇게 유입된 바람은 타워의 축적된 열에 의해 데워진다. 겨울철 야간에는 반대로 열 손실을 막기 위해 셔터가 닫힌다. 브라운과 디케이의 『Sun, Wind and Light: Architectural Design Strategies』(2001, pp.188~190)에서 보다 많은 사례와 설명을 찾아볼 수 있다.

고온다습한 기후

적도를 기준으로 북위 혹은 남위 10~15°에 위치한 이 기후대는 일반적으로 약 27℃의 매우 일정한 연평균 기온을 유지하며, 높게는 약 30℃(86°F), 맑은 날에는 그 이상의 온도로 올라간다. 대체로 연중 내내 높은 상대습도(80~90%)의 분포를 보이며 강우량도 많다. 일부 지역에서는 무역풍(동쪽으로부터)이 빈번하게 발생하며, 재난을 일으킬 수 있는 태풍이나 허리케인 바람의 영향을 받는 지역도 적지 않다.

이 기후대에서의 가장 큰 관심사는 건물 외피를 통한 열 획득을 최소화하는 동시에 효과적인 자연환기를 하는 점이다. 해거드 등은 『Passive Solar Architecture Pocket Reference』(2009, pp.61~62)에서 이러한 높은 습도 조건에서는 쾌적한 환경 조성이 어렵다는 것을 강조하면서, 고층빌딩을 포함한 건축물에 유용한 자연환기 전략을 단면도를 통해 설명한다. 반 렌젠은 『The Barefoot Architect』(2008, pp.145~147)에서 지붕의 형태가 환기를 통한 냉방 효과에 미치는 영향을 언급한다. 지보니는 『Climate Considerations in Building and Urban Design』(1998, pp.379~402)의 고온다습한 기후대에 관한 장을 통해 이 기후대의 복잡한 특성을 명확하게 설명하는데 유익한 동쪽 바람이 부는 방향에서 또한 강력한 이른 아침의 태양 빛이 들어오기 때문에 이러한 과열을 방지하고 환기를 최적화하려면 동쪽 창문으로 열기가 들어오기 전에 차단해야 한다는 딜레마를 언급한다.

한대 기후

이 책에서 정의하는 한대 기후는 시원하고 쾌적한 여름철과 가을, 겨울, 봄 평균 기온이 0℃(32℉) 정도인 기후로서, 이것은 지보니의 『Climate Considerations in Building and Urban Design』(p.417)에서 내린 한대 기후에 관한 정의를 따른 것이다. 이 기후대에 관한 디자이너의 초점은 겨울철 난방 에너지 요구를 줄이는 데 있으며, 이와 관련하여 겨울철 체감 온도에 결정적인 영향을 미치는 것은 바람을 통해 전달되는 냉기이다. 부다흐와 샤플리스의 『Environment, Technology and Sustainability』(2010, p.14)에서는 추운 지역과 극지방을 평균 겨울기온 −15℃(5℉) 이하를 기준으로 구분 짓는다. 지보니는 『Climate Considerations in Building and Urban Design』(1998, pp.417~430)에서 한대 기후와 관련하여 도시 및 건축물 스케일에 모두에 걸쳐서 다루는데, 높은 단열 성능과 직달일사 획득의 중요성과 함께 특히 건물 주향의 중요성을 강조한다. 이러한 접근법들은 추운 지역뿐만 아니라 극지방에도 적용되며, 경험적 원리 또한 두 기후 지역 모두에 적용될 수 있다.

추운 겨울, 더운 여름 기후

일반적인 추위의 겨울 혹은 매우 혹독한 추위의 겨울 조건, 그리고 일반적인 온난함 혹은 무덥고 습한 여름의 조건을 갖춘 지역이 있는데, 이러한 지역들은 단순히 덥거나 추운 지역과는 구분되어야 한다. 추운 겨울(한대), 뜨거운 여름(고온) 기후대는 현재 중국, 일본 및 미국의 동부 해안 지역과 지구상의 여러 곳에 분포되어 있으며. 여기에는 해양성 기후의 특성이 존재하지 않는다. 지보니는 『Climate Considerations in Building and Urban Design』(1998, pp.431~441)에서 이처럼 독특한 기후 유형을 조사하고, 다른 지역과 마찬가지로 건축 및 도시 설계를 위해 고려해야 할 사항들을 제공한다. 지보니는 또한 여름철에는 자연냉방을 위해 외피 형태를 상대적으로 늘리고 겨울철에는 반대로 조밀한 형태로 외피 면적을 줄일 수 있는 건축 형태의 접근법을 제안한다.

온대 기후

반 렌젠의 『The Barefoot Architect』(pp.270~293)에서 온대 기후대의 여름에는 열을 차단하고 겨울에는 열 손실을 방지하는 것을 목표로 한다. 즉 초점은 겨울철 난방 요구량을 줄이고 여름철 과열을 방지하는 데 있는데, 이는 하이드의 『Climate Responsive Design』(p.57)에 실린 비교 표로도 확인된다. 결론적으로, 경험적 원리는 겨울철에 자연난방을 이용하고, 완충 공간을 통해 찬바람과 일조량의 부족에 대비하는 것이다. 『The Barefoot Architect』(p.279)에서 반 렌젠은 온대 기후대를 위한 전략으로 벽난로를 소개하는데, 이것은 지속 가능한 연료 공급원이 있고 기밀성이 주요 목표가 아닌 한 합리적인 제안으로 보인다. 해거드 등 연구진은 『Passive Solar Architecture Pocket Reference』(2009, pp.58~59)에서 자연난방의 입장에서 온대 기후대(다른 기후대 또한)의 축열체의 면적과 유리면적에 관한 정보를 제공한다.

추천 도서 10권

- Brian Edwards, *Rough Guide to Sustainability*
- G. Z. Brown and Mark deKay, *Sun, Wind and Light: Architectural Design Strategies*
- Alison Kwok and Walter Grondzik, *The Green Studio Handbook*
- Sofie Pelsmakers, *The Environmental Design Pocketbook*
- Varis Bokalders and Maria Block, *The Whole Building Handbook*
- Richard Nicholls and Keith Hall, *The Green Building Bible*
- Johan van Lengen, *The Barefoot Architect*
- David Clark, *What Colour is Your Building?*
- Bernard Rudofsky, *Architecture Without Architects: A Short Introduction to Non-pedigreed Architecture*
- Peter Silver and William McLean, *Introduction to Architectural Technology*

많이 참고하는 문헌

- Baruch Givoni, *Climate Considerations in Building and Urban Design*
- Victor Olgyay, *Design with Climate; Bioclimatic Approach to Architectural Regionalism*

꼭 읽어야 할 짧은 문헌

- Lisa Heschong, *Thermal Delight in Architecture*

그 외

『지속가능한 건축과 도시 디자인 원리 101』, 휴 헤이우드 지음, 상지건축 부설 지속가능연구소 옮김, 우덕오 감수, 기문당, 2022

참고 문헌 목록

- Baker, N. (2005). 'Human Nature', in Environmental Diversity and Architecture (Steemers, K., and Steane, M. A., eds). Spon Press, Abingdon.
- Bokalders, V. and Block, M. (2010). The Whole Building Handbook: How to Design Healthy, Efficient and Sustainable Buildings. Earthscan (co-published with RIBA Publishing), London.
- Bougdah, H. and Sharples, S. (2010). Environment, Technology and Sustainability. Taylor & Francis, Abingdon.
- Brown, G. Z. and DeKay, M. (2014). Sun, Wind and Light: Architectural Design Strategies. Wiley, New York.
- Building Research Establishment (April 1990). 'BRE Digest 350, Climate and Site Development Part 3: Improving microclimate through design'. BRE, Watford.
- CIBSE (2014). 'LG10/14 Lighting Guide 10: Daylighting – a Guide for Designers'. CIBSE, London.
- CIBSE (2011). CIBSE Applications Manual AM10. 'Natural Ventilation in non-domestic buildings'. CIBSE, London.
- CIBSE (2020). CIBSE technical memorandum TM40, 'Health and wellbeing in building services'. CIBSE, London.
- Clark, D. (2013). What Colour is Your Building? RIBA Publishing, London.
- Edwards, B. (2014). Rough Guide to Sustainability. RIBA Publishing, London.
- Givoni, B. (1994). Passive and Low Energy Cooling of Buildings. Wiley, New York, NY.
- Givoni, B. (1998). Climate Considerations in Building and Urban Design. Wiley, New York, NY.
- Haggard, K., Bainbridge, D., Aljilani, R. (Goswami, D. Y. ed). (2009). Passive Solar Architecture Pocket Reference. Earthscan, Germany.
- Hall, K. and Nicholls, R. (2008). The Green Building Bible Volume 1. Green Building Press, Llandysul.
- Hall, K. and Nicholls, R. (2008). The Green Building Bible Volume 2. Green Building Press, Llandysul.

- Henson, R. (2007). The Rough Guide to Weather. Rough Guides, London.
- Heschong, L. (1979). Thermal Delight in Architecture. MIT Press, Cambridge, MA.
- Heywood, H. (2015). 101 Rules of Thumb for Sustainable Buildings and Cities. RIBA Publishing, London.
- Hyde, R. (2000). Climate Responsive Design. Taylor and Francis, New York, NY.
- Kwok, A., G. and Grondzik, W., T. (2017). The Green Studio Handbook, Environmental Strategies for Schematic Design. Architectural Press, Oxford
- Levy, M. (2007). Why the Wind Blows: A History of Weather and Global Warming. Upper Access, Hinesburg.
- NHBC (2016). The challenge of shape and form: Understanding the benefits of efficient design. NHBC Foundation, Milton Keynes.
- Olgyay, V. (2015). Design With Climate: Bioclimatic Approach to Architectural Regionalism. Princeton University Press, Princeton, NJ.
- Pelsmakers, S. (2015). The Environmental Design Pocketbook. RIBA Publishing, London.
- Prasad, S. and Penoyre, G. (2014), Retrofit for Purpose: Low Energy Renewal of Non-Domestic Buildings. RIBA Publishing, London.
- Ritchie, A. and Thomas, R. (eds) (2009). Sustainable Urban Design - an Environmental Approach. Taylor and Francis, New York, N.Y.
- Rudofsky, B. (1981). Architecture Without Architects: A Short Introduction to Non-Pedigreed Architecture (5th impression). Academy Editions, London.
- Silver, P., and McLean, W., (2013). Introduction to Architectural Technology. Laurence King, London.
- Thomas, R. (2006). Environmental Design: An Introduction for Architects and Engineers. Taylor and Francis, New York, NY.
- Van Lengen, J. (2008). The Barefoot Architect. Shelter Publications Inc., Bolinas, CA

온라인 자료

- Akbarnezhad, A., and Xiao, J. (2017). Estimation and Minimization of Embodied Carbon of Buildings: A Review. https://www.mdpi.com/2075-5309/7/1/5
- American Institute of Architects. www.aia.org
- Asknature.org. https://asknature.org/strategy/asymmetric-burrow-openingscre-ate-passive-ventilation/
- Bainbridge, D. A., Cooper, P. and Haggard, K. (2007). 'Return of the water wall'. https://www.academia.edu/3830134/2007_Return_of_the_water_wall_passive_solar_buildings_ST
- Baruch Givoni. http://www.plea-arch.org/index.php/in-memory-of-professorgi-voni/
- Battey, N. (2000). 'Aspects of seasonality'. Journal of Experimental Botany. https://doi.org/10.1093/jexbot/51.352.1769
- Biler, A., Tavil, A.U., Su, Y. and Khan, N. (2018). 'A Review of Performance Specifications and Studies of Trickle Vents'. https://www.mdpi.com/2075-5309/8/11/152/ht
- Brandle, J. and Wight, B. (2007). 'Windbreaks for Rural Living'. Institute of Natural Resources, University of Nebraska-Lincoln. https://nfs.unl.edu/documents/windbreakruralliving.pdf
- British Geological Survey. 'Ground temperature'. http://www.bgs.ac.uk/reference/gshp/gshp_report.html
- www.builditsolar.com
- Carbon Trust. 'Lighting overview guide (2017)'. https://www.carbontrust.com/resources/lighting-overview-guide
- Colclough, S. M., Griffiths, P. W. and Hewitt, N. J. (2011). 'A Year in the Life of a Passive House with Solar Energy Store'. https://pure.ulster.ac.uk/ws/portalfiles/portal/12531198/A_year_in_the_life_of_a_passive_house_with_solar_energy_store_V1.01.pdf
- Council House 2. https://www.melbourne.vic.gov.au/building-and-development/

sustainable-building/council-house-2/conserving-energywater/pages/heating-cooling-systems.aspx

- Buildings Wiki. 'Stack ventilation'.
www.designingbuildings.co.uk/wiki/Stack_effect
- Dwyer, T. (2017). 'Determining thermal comfort in naturally conditioned buildings'. CIBSE Journal.
https://www.cibsejournal.com/cpd/modules/2017-07-nat/
- Energystar.
https://www.energystar.gov/about/about_energy_efficiency
- European Commission. 'New rules for greener and smarter buildings will increase quality of life for all Europeans' (2019).
https://ec.europa.eu/info/news/new-rules-greener-and-smarter-buildings-will-increase-quality-life-all-europeans-2019-apr-15_en

  And:

  'Energy used in households' (2018).
https://ec.europa.eu/eurostat/statistics-explained/index.php/Energy_consumption_in_households
- Fitton, R., Swan, W., Hughes, T. and Benjaber, M. (2017). 'The thermal performance of window coverings in a whole house test facility with single-glazed sash windows.'
https://link.springer.com/article/10.1007/s12053-017-9529-0
- www.gaisma.com
- Ghiabaklou, Z. (2010). 'Natural Ventilation as a Design Strategy for Energy Saving'.
https://zenodo.org/record/1073441#.XvSNYdiSk2w
- Global Alliance for Buildings and Construction. 'Global Status Report for Buildings and Construction: Towards a zero-emissions, efficient and resilient buildings and construction sector' (2019).
www.globalabc.org
- Graham, J., Berardi, U., Turnbull, G. and McKaye, R. (2020). 'Microclimate Analysis as a Design Driver of Architecture.'
https://www.researchgate.net/publication/341878063_Microclimate_Analysis_as_a_Design_Driver_of_Architecture

- www.greenspec.co.uk
- Gruner, M. and Matusiak, B. S. (2018). 'A Novel Dynamic Insulation System for Windows'.
  https://www.mdpi.com/2071-1050/10/8/2907/htm
- International Energy Agency.
  www.iea.org/reports/energy-efficiency-2019 and https://www. iea. org/reports/global-energy-review-2020/global-energy-andco2-emissions-in-2020
- Ioannou, A. (2018). 'Thermal comfort and energy related occupancy behaviour in Dutch residential dwellings'.
  https://journals.open.tudelft.nl/abe/article/view/2773/2983
- www.jaloxa.eu
- LCCM house. 'Advanced Energy-Efficient Home Dressed for the Season' (2016).
  https://web-japan.org/niponica/niponica19/en/feature/feature04.html
- LETI. 'Embodied Carbon Primer' (2020).
  https://b80d7a04-1c28-45e2-b904-e0715cface93.filesusr.com/ugd/252d09_8ceffcbcafdb43cf8a19ab9af5073b92.pdf
- LETI 'Climate Emergency Design Guide' (2020).
  https://www.leti.london/cedg
- Lu, S., Tong, H. and Pang, B. (2018). 'Study on the coupling heating system of floor radiation and sunspace based on energy storage technology'.
  https://www.sciencedirect.com/science/article/abs/pii/S0378778817317280
- Morakinyo, T. E., Lai, A., Lau, K. K-L. and Ng, E. (2017). 'Thermal benefits of vertical greening in a high-density city: Case study of Hong Kong'.
  https://doi.org/10.1016/j.ufug.2017.11.010
- Mosteiro-Romero, M., Maiullari, D., Pijpers-van Esch, M. and Schlueter, A. (2020). 'An Integrated Microclimate-Energy Demand Simulation Method for the Assessment of Urban Districts'.
  https://www.frontiersin.org/articles/10.3389/fbuil.2020.553946/full
- www.passivhaus.org.uk

- Nyilas, A. and Kurazumi, Y. (2017). 'On the Aesthetics of Seasonally Adaptive Buildings: A Morphological Approach towards Climate Responsive Architecture'.
  http://article.sapub.org/10.5923.j.arch.20170704.03.html#Sec3.2
- Omara, A. A. M. and Abuelnuor, A. A. A. (2019). 'Trombe walls with phase change materials: A review'.
  https://onlinelibrary.wiley.com/doi/full/10.1002/est2.123
- Parkinson, T. and de Dear, R. (2015). 'Thermal pleasure in built environments: physiology of alliesthesia'.
  http://dx.doi.org/10.1080/09613218.2015.989662
- Pisello, A. L., Castaldo, V. L., Fabiani, C., Cotana, F. and Santamouris, M. (2017). 'How Microclimate Mitigation Affects Building Thermal-Energy Performance in Residential Zero Energy Italian Settlements'.
  http://www.ibpsa.org/proceedings/BSA2017/9788860461360_09.pdf
- RIBA. 'Sustainable Outcomes Guide' (2019).
  https://www.architecture.com/-/media/GatherContent/Test-resources-page/Additional-Documents/RIBASustainableOutcomes-Guide2019pdf.pdf
- Ritche, H. and Roser, M. (2018).
  https://ourworldindata.org/energy
- Roaf, S. and Nicol, F. 'Running buildings on natural energy: design thinking for a different future' (2017).
  http://dx.doi.org/10.1080/00038628.2017.1303924
- Royal Institute of British Architects. www.architecture.com
- Sharifi, A. and Yamagata, Y. 'Roof ponds as passive heating and cooling systems: A systematic review' (2015).

https://www.sciencedirect.com/science/article/abs/pii/S030626191501168X

- Siddique, S.T.A., Ahmed, S.F. and Islam, M.H. 'Earth Pipe Cooling Strategy in Buildings: A Sustainable Approach' (2018).
  https://www.researchgate.net/publication/335970855_Earth_Pipe_Cooling_Strategy_in_Buildings_A_Sustainable_Approach/link/5d873df7458515cbd1b07dfa/download
- Solcerova, A., van de Ven, F. and van de Giesen, N. 'Nighttime

cooling of an urban pond'. Frontiers in Earth Science. 7(156) (2019). https://doi.org/10.3389/feart.2019.00156

- Sustainable Traditional Buildings Alliance. 'Planning responsible retrofit of traditional buildings' (2015).
https://historicengland.org.uk/images-books/publications/planning-responsible-retrofit-of-traditional-buildings/responsible-retrofit-trad-bldgs/
- The World Green Building Council. 'Bringing embodied carbon upfront: Coordinated action for the building and construction sector to tackle embodied carbon' (2019).
https://www.worldgbc.org/news-media/bringing-embodiedcarbon-upfront
- UK Environment Agency, 'London's Warming: The Impacts of Climate Change'.
http://www.environment-agency.gov.uk/business/sectors/91970.aspx
- UK Green Building Council. 'Tackling embodied carbon in buildings' (2015).
https://www.ukgbc.org/sites/default/files/Tackling%20embodied%20carbon%20in%20buildings.pdf
- United States Department of Agriculture, Natural Resources Conversation Service. 'Conservation Practices that Save: Windbreaks/Shelterbelts'.
http://plant-materials.nrcs.usda.gov/technical/publications/windbreak-pubs.html (see also: http://www.nrcs.usda.gov/wps/portal/nrcs/detailfull/national/energy/?&cid=nrcs143_023634)
- United States Energy Information Agency. 'Today in energy' (2019).
https://www.eia.gov/todayinenergy/detail.php?id=41433
- United States Environmental Protection Agency. 'Report on the Environment' (2018).
https://www.epa.gov/report-environment/indoor-air-quality
- Waste and Resources Action Programme. 'Cutting embodied carbon in construction projects'.
http://www.wrap.org.uk/sites/files/wrap/FINAL%20PRO095009%20Embodied%20Carbon%20Annex.pdf

- Webb, S. 'Why the time is ripe for a return to stone as a structural material' (2020).
  www.ribaj.com/intelligence/stone-as-a-structural-materialembodied-carbon-sustainability
- World Economic Forum. 'These 3 charts show what COVID-19 has done to global energy demand' (2020).
  https://www.weforum.org/agenda/2020/08/covid19-changeenergy-electricity-use-lockdowns-falling-demand/

  And:

  'White Paper: Resetting the Future of Work Agenda: Disruption and Renewal in a Post-COVID World' (2020).
  http://www3.weforum.org/docs/WEF_NES_Resetting_FOW_Agenda_2020.pdf
- World Green Building Council. 'Bringing embodied carbon upfront: Coordinated action for the building and construction sector to tackle embodied carbon' (2019).
  https://www.worldgbc.org/sites/default/files/WorldGBC_Bringing_Embodied_Carbon_Upfront.pdf
- 'Your Home Technical Manual'. www.yourhome.gov.au

색인

ㅎ

후기

우리 선조들은 토착건축을 통하여 적정량의 자원만 사용하면서도 편안한 실내 조건을 만드는 방법을 알고 있었고, 이러한 것에서 직관적인 기술을 다시 배워 다가올 미래에 이를 적용해야 한다는 것이 저자의 깊은 뜻으로 다가온다.

저자는 운영에너지 사용을 최소화하기 위한 이 책의 내용을 근간으로, 올해 1월에 번역 출간한 『지속가능한 건축과 도시를 위한 디자인 원리 101』를 저술한 것이라 할 수 있다.

전공 상의 용어와 내용 전반에 대해서 꼼꼼하게 감수를 해주신 (미)RIT 대학교 우덕오 교수께 감사를 드린다. 저자의 뜻을 최대한 정확하게 전달할 수 있도록 노력하였으나 혹시 왜곡된 부분이 있다면 그 책임은 번역자에게 있음을 고백한다.

두 권의 번역서 출간은 ㈜상지건축의 허동윤 대표님의 격려와 후원이 없었다면 불가능했을 것이다. 우리 연구소의 장유경 전무를 비롯한 연구원들의 많은 도움에 감사를 드린다.

기문당의 강희룡 사장님과 남인숙 부장님의 이해와 도움에 감사를 드리며, 특히 철저하게 교정을 봐주신 김소원 씨에게 깊은 감사를 드린다.

S·E·A ㈜상지건축 부설 지속가능연구소 소장 우 동 주